Lecture Notes in Mathematics

A collection of informal reports and seminars
Edited by A. Dold, Heidelberg and B. Eckmann, Zürich

Series: Institut de Mathématique, Faculté des Sciences d'Orsay · Adviser: J. P. Kahane

53

Jean Cerf
Université de Paris

Sur les difféomorphismes de la sphère de dimension trois ($\Gamma_4 = O$)

1968

Springer-Verlag Berlin · Heidelberg New York

Library of Congress Catalog Card Number 68-24615 Printed in Germany. Title No. 7373

<u>Table des matières</u>

Introduction

Le résultat "$\Gamma_4 = 0$" entre maintenant dans la trame de nombreuses théories ; cependant, à ma connaissance, aucune démonstration nouvelle n'en est apparue depuis celle que j'ai donnée dans le Séminaire H. Cartan en 1962-63. C'est cette démonstration qu'on trouvera ici, à quelques détails de présentation près ; la plupart de ces améliorations m'ont été suggérées par M. N. H. Kuiper. Il m'est agréable de le remercier ici, ainsi que les auditeurs du Séminaire Cartan, en particulier M. H. Cartan lui-même, et M. B. Morin (qui m'a notamment signalé l'oubli d'un cas particulier, baptisé par lui "le Vésuve" ; il s'agit de la surface correspondant au type II, chapitre VI, § 3).

Le principe de la démonstration est exposé au chapitre I. "$\Gamma_4 = 0$" signifie que tout difféomorphisme de la sphère S^3 peut se prolonger en un difféomorphisme du disque D^4. La voie suivie consiste à démontrer un théorème plus fort :

(1) Le groupe des difféomorphismes de la sphère orientée S^3 est connexe.

On montre facilement (cf. § 2) l'équivalence de (1) et de l'énoncé suivant :

(2) Le groupe $\mathcal{G}$ des difféomorphismes du disque orientée D^3 est connexe.

On étudie $\mathcal{G}$ en le considérant comme fibre de l'espace homogène $\mathcal{E}/\mathcal{G}$, où $\mathcal{E}$ est l'espace des plongements, d'orientation positive, de D^3 dans R^3 ; $\mathcal{E}/\mathcal{G}$ est "l'espace des 3-disques de R^3", et l'exactitude (démontrée par Alexander et Morse) de la conjecture de Schönflies différentiable pour S^2 montre (cf. § 3) que $\mathcal{E}/\mathcal{G}$ s'identifie à l'espace $\mathcal{F}/\mathcal{H}$, "espace des 2-sphères de R^3". Soit $\mathcal{G}_e$ la composante connexe de l'élément neutre dans

$\mathcal{G}$; montrer (2) revient à montrer :

(3) Le revêtement $\mathcal{R} = \mathcal{E}/\mathcal{G}_e$ de $\mathcal{F}/\mathcal{H}$ est trivial.

Autrement dit, on doit montrer qu'il est possible de choisir continuement au-dessus de tout élément de $\mathcal{F}/\mathcal{H}$ un 3-disque de R^3 muni d'une classe d'isotopie de paramétrages ; (3) apparaît ainsi comme une généralisation à un paramètre du théorème d'Alexander-Morse, que l'on peut énoncer ainsi :

(4) L'application bord : $\mathcal{E} \longrightarrow \mathcal{F}/\mathcal{H}$ est surjective.

La démonstration classique de (4) consiste à montrer que l'image de l'application bord (qui est visiblement ouverte) est dense dans $\mathcal{F}/\mathcal{H}$. On munit pour cela l'espace R^3 de la fonction "cote" (projection sur le 3ème axe de coordonnées) et on utilise le théorème classique de densité de Morse pour montrer qu'on peut, par une petite déformation, mettre toute 2-sphère de R^3 en position générale par rapport à la cote. Mais pour pouvoir assurer que toute section partielle donnée au-dessus d'un ouvert $\mathcal{U}$ de la base d'un revêtement peut se prolonger au-dessus de la base entière, il ne suffit pas que $\mathcal{U}$ soit dense ; il faut une condition plus forte, à savoir que le complémentaire de $\mathcal{U}$ soit de codimension strictement supérieure à un. La démonstration de (3) nécessite donc l'étude jusqu'à la codimension un de la stratification naturelle de l'espace des fonctions différentiables réelles sur une variété (que le théorème de densité de Morse ne décrit que pour la codimension zéro). Cette étude est l'objet du chapitre II. L'outil essentiel est le théorème de transversalité de Thom, rappelé au § 1. Les principaux résultats sont la description explicite des singularités de codimension 1 (cf. les propositions 3 et 3') et la proposition 6 qui peut en gros s'exprimer comme suit : "l'espace des fonctions possédant, outre des singularités génériques, exactement une singularité de codimension un, est une sous-variété de codimension un de l'espace fonctionnel." Le lecteur peut dans un premier temps se borner à prendre connaissance de ces énoncés et de leur application (faite au § 3) à la subdivision de l'espace $\mathcal{F}/\mathcal{H}$.

Le chapitre III donne une démonstration détaillée du théorème d'Alexander-Morse. La difficulté essentielle qu'on rencontre pour démontrer ce théorème (analogue à celle qu'on rencontre pour démontrer le théorème de h-cobordisme de Smale) est la suivante. Il n'y a pas en général sur un élément de $(\mathfrak{F}/\mathfrak{K})^0$ (espace des 2-sphères de $\mathbf{R}^3$ qui sont génériques pour la cote) de couple col-sommet qui soit "primitif", c'est-à-dire susceptible d'être détruit par une déformation semi-locale de la surface. Comme dans la théorie du h-cobordisme, la méthode consiste à filtrer $(\mathfrak{F}/\mathfrak{K})^0$ au moyen d'une "complexité", telle que les éléments non triviaux de petite complexité contiennent nécessairement un couple primitif. Mais alors que dans la théorie du h-cobordisme on diminue progressivement la complexité par une suite d'opérations de caractère semi-local, un tel procédé ne semble pas exister ici ; il est remplacé par la méthode, due à Alexander, qui consiste à décomposer une variété en "somme" (ou "différence") de deux variétés de complexité plus petite.

L'étude approfondie de l'addition d'Alexander et de son relèvement dans le revêtement $\mathcal{R}$ occupe le chapitre IV. Les propriétés de cette addition sont fondamentales pour la suite, car ce sont elles qui permettent, au chapitre VI, la construction de la section qui assure la trivialité de $\mathcal{R}$. Malheureusement, l'opération d'Alexander décompose tout élément de $(\mathfrak{F}/\mathfrak{K})^0$ en "variétés avec arêtes" ; d'où un certain nombre de difficultés techniques ; la solution adoptée pour les résoudre passe par une étude détaillée des "modèles de décomposition" et de "double décomposition" (ces derniers interviennent pour l'étude de l'associativité). Dans une première lecture, on pourra se borner à faire connaissance des modèles (§ 2), et à lire, au § 7, la définition d'un "modèle d'associativité", et l'énoncé de la proposition 2 et de son corollaire.

Le chapitre V est consacré à la construction "à la main" d'une section σ de $\mathcal{R}$ pour les variétés de petite complexité ; on utilise pour cela le lemme de suppression des singularités primitives (§ 2, lemme 4) qui est la version, adaptée au problème, du "cancellation lemma" de Smale. Au chapitre VI, on prolonge cette section, par récurrence sur la complexité, d'abord à $(\mathfrak{F}/\mathfrak{K})^0$, puis à $\mathfrak{F}/\mathfrak{K}$ entier. Cette construction utilise à fond les résultats du chapitre IV, notamment l'associativité de l'addition.

On trouvera rassemblés dans l'Appendice divers énoncés relatifs aux fibrations des espaces fonctionnels, y compris les complications techniques inévitables si on ne veut pas se borner à dire que, lorsqu'il y a des arêtes, tout se passe comme s'il n'y en avait pas. On y trouvera également une démonstration du théorème de Smale sur les difféomorphismes de S^2, utilisé notamment pour montrer l'équivalence des formes (1) et (2) du théorème principal.

Summary *

by

N. H. Kuiper

In this paper the author proves his theorem that any two differential structures on the topological 4-sphere, both obtainable by gluing two 4-discs along their boundaries, are diffeomorphic $(\Gamma_4 = 0)$. He does so by proving the theorems $\pi_0(\mathrm{Diff}\ S^3) = \pi_0(\mathrm{Diff}\ D^3) = 1$, where $\mathrm{Diff}\ M$ is the topological group of orientation-preserving diffeomorphisms of a differential manifold M in the C^∞-topology, and D^n is the unit n-ball with boundary S^{n-1} in R^n.

The theorem $\Gamma_4 = 0$ is crucial for the following reasons. Let the (natural) homomorphism $\alpha_n : \mathrm{Diff}\ D^n \longrightarrow \mathrm{Diff}\ S^{n-1}$ have cokernel $\Gamma_n = \mathrm{Diff}\ S^{n-1}/\mathrm{Image}\ \alpha_n$. By the theory of Milnor and Kervaire on the h-cobordism groups Θ_n of homotopy n-spheres, combined with Smale's proof of the generalized Poincaré conjecture for dimensions $n \geqslant 5$, one has $\Theta_n = \Gamma_n$ = the "group of smoothings" of S^n for $n \geqslant 5$, and much is known about Γ_n for $n \neq 4$ (e. g. $\Gamma_n = 0$ for $n = 1, 2, 3, 5, 6$). The groups Γ_n play an essential rôle in the theory of Munkres (following Thom), in which the obstructions to defining a smoothing on a combinatorial manifold lie in cohomology groups with coefficients in Γ_n, and in recent theories of B. Mazur, M. Hirsch and others [see, for example, R. Lashof and M. Rothenberg, Topology 3 (1965), 357–388]. With the knowledge of $\Gamma_4 = 0$ it follows, for example, that every combinatorial n-manifold admits a smoothing for $n \leqslant 7$, unique up to diffeomorphism for $n \leqslant 6$, and these bounds are sharp in view of the existence of different smoothings of S^7 and the existence of combinatorial 8-manifolds whose homotopy type does not contain any smooth manifold.

---

* Slightly modified version of Review No. 6641 a - d, Mathematical Reviews, Volume 33, page 1126, concerning J. Cerf "La nullité de π_0 (Diff S^3)". Published with kind permission of N. H. Kuiper and the Mathematical Reviews,

Before discussing the proof, I may remark that the author has recently obtained the related result $\pi_0(\mathrm{Diff}\ D^n) = 1$ for $n \geq 10$ ["Isotopy and pseudo isotopy", unpublished ; read at the Internat. Congress Math. Moscow, August 1966 ; for abstract, see Abstracts of reports (Internat. Congress Mathe. Moscow, August 1966), pp. 41–43, ICM, Moscow, 1966].

The main ideas of the proof will now be indicated. Let $\mathrm{Emb}(M , R^3)$ be the space of embeddings of a differential manifold (possibly with boundary and possibly with corners along that boundary) $M \subset R^3$ into R^3. Diff M acts by composition on the right on $\mathrm{Emb}(M,R^3)$. Then, one obtains a fibration $\mathrm{Diff}\ M \longrightarrow \mathrm{Emb}(M , R^3) \longrightarrow \mathrm{Im}\ M$, where Im M is the (quotient) space of M-images of Embeddings in R^3. Set $\mathcal{G} = \mathrm{Diff}\ D^3$, $\mathcal{G}_e$ = the component of the identity in $\mathcal{G}$, $\mathcal{E} = \mathrm{Emb}(D^3 , R^3)$, $\mathcal{H} = \mathrm{Diff}\ S^2$, and $\mathcal{F} = \mathrm{Emb}(S^2 , R^3)$. Then, one has the fibrations $\mathcal{G} \longrightarrow \mathcal{E} \longrightarrow \mathcal{E}/\mathcal{G}$, $\mathcal{H} \longrightarrow \mathcal{F} \longrightarrow \mathcal{F}/\mathcal{H}$ and $\mathcal{G}/\mathcal{G}_e \longrightarrow \mathcal{E}/\mathcal{G}_e \longrightarrow \mathcal{E}/\mathcal{G}$. By the weak differentiable Schönflies theorem for 2-spheres (proved again in this paper), the space of D^3-images $\mathcal{E}/\mathcal{G}$ equals the space of S^2-images $\mathcal{F}/\mathcal{H}$. Putting $\mathcal{E}/\mathcal{G}_e = \mathcal{R}$, we have, with $\mathcal{G}/\mathcal{G}_e = \pi_0(\mathrm{Diff}\ D^3)$, the fibration $\pi_0(\mathrm{Diff}\ D^3) \longrightarrow \mathcal{R} \xrightarrow{p} \mathcal{F}/\mathcal{H}$. Since $\mathcal{E}$ is contractible $\mathcal{R}$ is connected, and so the problem is reduced to finding a cross-section of the covering map p. This means that for every embedded 2-sphere, one must find an isotopy class of embeddings of D^3 all with that same boundary in R^3.

In general, for a covering map $C \longrightarrow A$ and a subset $B \subset A$ with closure $\bar{B}$, there exists a section over $\bar{B}$ extending a given section over B in case A is locally connected and B is locally connected by arcs in A. In particular, this conclusion with $\bar{B} = A$ holds in case A is locally arcwise connected, B is open and dense in A, and the space $\sum^1(B)$ of paths in B is dense in the space $\sum^1(A)$ of paths in A for the topology of uniform convergence. The author proceeds with the definition of such a B for the case $A = \mathcal{F}/\mathcal{H}$, such that, moreover, the required cross-section over B can be defined later.

For the definition of $B = (\mathcal{F}/\mathcal{H})^0 \cup (\mathcal{F}/\mathcal{H})^1$ and the proof of its properties, the author uses Thom's transversality theorems, as well as the auxiliary space $\mathcal{L}$ of differentiable functions $S^2 \longrightarrow R$. Let the function which is the third coordinate in R^3, as well as its restriction to any embedded S^2, be called height. Then $(\mathcal{F}/\mathcal{K})^0$ consists of those S^2-images on which the height is a non-degenerate differentiable function with all critical points at different levels. $(\mathcal{F}/\mathcal{K})^1$ consists of those S^2-images on which the height either is non-degenerate with exactly two critical points on the same level as some other critical point, or has exactly one degenerate critical point, the function is of type $x^2 + y^3$ there, and all critical points are at different levels.

Now one comes to the hard parts of the proof : the construction of the cross-section of p over $(\mathcal{F}/\mathcal{K})^0$, and then over $(\mathcal{F}/\mathcal{K})^1$, which is a matter (not easy) of checking the required properties.

For $F \in (\mathcal{F}/\mathcal{K})^0$, let i_F be the number of saddle points on F with respect to height. Let D be a horizontal disc at a non-critical height, with boundary $\partial D \subset F$, such that each component of $F - \partial D$ has at least one saddle point. Let j_F be the minimal number of components of $D \cap F$ for all such D, or $j_F = 0$ if no such D exists. The pair (i_F , j_F) is called the Alexander complexity of F. An Alexander decomposition of $F \in (\mathcal{F}/\mathcal{K})^0$ is defined by a horizontal 2-disc D with boundary $\partial D = D \cap F$. It determines two embedded 3-balls with corners along the edge ∂D, whose difference or union has F as boundary. For $(i_F , j_F) \geqslant (2 , 0)$ (lexicographical order), there exists an Alexander decomposition such that each of the above 3-balls can be rounded off to have boundaries of complexity $< (i_F , j_F)$. Modulo the rounding off, the main idea is now to define the required cross-section for increasing complexity, for $i_F = 0$ or 1 directly, and for $(i_F , j_F) \geqslant (2 , 0)$ by induction on the complexity. However, as an Alexander decomposition gives rise to corners and as one necessarily requires independence of the way in which one decomposes (here double Alexander decompositions are needed), the analogues ($\mathcal{G}_k$, etc., $k = 0, \ldots, 5$) of notions such as $\mathcal{G}$ (denoted from now as $\mathcal{G}_0$), $\mathcal{G}_e$, $\mathcal{F}$, $\mathcal{R}$ for D^3 are needed for each of six 3-dimensional "models" with horizontal edges, obtainable from embeddings of $\{x_1, x_2, x_3 : (x_1^2 + x_2^2 + x_3^2 = 2)$ or $(x_1^2 + x_2^2 + x_3^2 \leq 2$ and $x_3^2 = 1)\}$ in R^3. There are five kinds of such embeddings, and a simple one is chosen of each kind to get 3-dimensional models covering single and double Alexander decompositions. An embedding f of D^3 into R^3 can be considered as the "sum" of its restrictions to the northern and southern half-balls of D^3. If the image of the equator disc is horizontal, then this sum covers an example of an Alexander decomposition of $F = f(\partial D^3)$. From this analogous embeddings concerning other models, the author succeeds in constructing a commutative and associative addition on $\mathcal{R} = \bigcup_{i=0}^{5} \mathcal{R}_k$ (defined, of course, only for suitable pairs). The additivity of the required cross-section of p with respect to Alexander decomposition in $(\mathcal{F}/\mathcal{K})^0$ plays a key rôle in the careful elaboration of these ideas. With the extension of the cross-section of p now defined for $(\mathcal{F}_k/\mathcal{K}_k)^0$ (for $k = 0, 1, 2$) over $(\mathcal{F}_k/\mathcal{K}_k)^1$, the paper concludes, and the proof of the theorem is achieved.

Chapitre 1. La nullité de Γ_4, généralisation du théorème de Schönflies pour S^2.

§ 1. Définition du groupe Γ_n ; énoncé du théorème.

Rappelons d'abord la définition des groupes Γ_n, et quelques propriétés élémentaires et classiques relatives à ces groupes.

On désigne par $\mathrm{Diff}\, S^n$ (resp. $\mathrm{Diff}\, D^{n+1}$) le groupe des difféomorphismes de S^n (resp. D^{n+1}) qui conservent l'orientation. On munit ces groupes de la topologie C^∞. On rappelle (cf. [2], proposition 2, p. 287) que, pour toute variété à bord compacte V, le groupe des difféomorphismes de V est ouvert dans l'espace de toutes les applications de classe C^∞ de V dans V qui conservent les relations d'incidence, muni de la topologie C^∞ ; ce groupe est donc en particulier localement connexe par arcs, et même par arcs différentiables ; la composante connexe de l'élément neutre dans ce groupe coïncide donc avec sa composante connexe par arcs, ainsi qu'avec sa composante connexe par arcs différentiables.

Lemme 1 (MILNOR ; cf. [2], p. 336). Quels que soient les éléments g et g' du groupe $\mathrm{Diff}\, S^n$, leur commutateur $gg'g^{-1}g'^{-1}$ est dans la composante connexe de l'élément neutre.

Démonstration. D'après le théorème d'isotopie pour les plongements des disques (cf. [2], proposition 7, p. 335), il existe g^* (resp. g'^*) isotope à g (resp. g') et induisant l'identité sur l'hémisphère nord (resp. sud) de S^n. Alors $g^*g'^* = g'^*g^*$;

donc gg' est isotope à $g'g$.

Conséquence du lemme 1. Le groupe $\pi_0(\mathrm{Diff}\ S^n)$ est abélien (c'est en effet le groupe quotient de $\mathrm{Diff}\ S^n$ par la composante connexe de l'élément neutre).

Lemme 2. L'image de l'application canonique $\alpha_n : \mathrm{Diff}\ D^{n+1} \to \mathrm{Diff}\ S^n$ contient la composante connexe de l'élément neutre dans $\mathrm{Diff}\ S^n$.

Démonstration du lemme 2. Soit h un élément de cette composante connexe. D'après la propriété générale rappelée au début de ce paragraphe h peut être joint à l'élément neutre e par un chemin différentiable, c'est à dire tel que l'application :

$$(1) \qquad S^n \times [0 , 1] \ni (x , t) \to h_t.x \in S^n$$

soit différentiable ; par un changement de paramètre, on peut en plus faire en sorte que l'application (1) soit tangente le long de $S^n \times \{1\}$ à l'application $(x , t) \to x$. Soit T un voisinage tubulaire de S^n dans D^{n+1} ; on identifie T à $S^n \times [0 , 1]$; on définit une application g de D^{n+1} sur lui-même en posant

$$\begin{cases} g(x , t) = (h_t(x) , t) \quad \text{pour} \quad (x , t) \in S^n \times [0 , 1] ; \\ g = \text{identité sur} \quad (D^{n+1} - T). \end{cases}$$

g est un élément de $\mathrm{Diff}\ D^{n+1}$ qui prolonge h ; donc h est dans l'image de α_n.

Conséquences des lemmes 1 et 2.

1° L'image de l'application α_n est un sous-groupe distingué de $\mathrm{Diff}\ D^n$, et le conoyau de α_n est un groupe abélien.

Par définition, le conoyau de α_n est le groupe Γ_{n+1}.

2° (MUNKRES ; cf. [5], p. 522). Le groupe Γ_{n+1} est canoniquement isomorphe au conoyau de l'application $\pi_0(\mathrm{Diff}\ D^{n+1}) \to \pi_0(\mathrm{Diff}\ S^n)$.

Ceci posé, notre but est de démontrer le théorème suivant :

Théorème 1. Le groupe $\pi_0(\mathrm{Diff}\ S^3)$ est nul.

Il résulte de la conséquence 2° ci-dessus que le théorème 1 a le corollaire suivant :

Corollaire 1. Le groupe Γ_4 est nul.

Dans un autre ordre d'idées, le théorème 1, compte tenu de [3], a la conséquence suivante :

Corollaire 2. Le groupe π_3 (groupe des homéomorphismes de S^3 sur S^3) est canoniquement isomorphe à $\pi_3(SO(4))$.

§ 2. La nullité de Γ_4 ramenée à un théorème d'existence de section d'un certain revêtement.

D'après la proposition 4 de l'Appendice, le théorème 1 équivaut à

(2) $$\pi_0(\mathrm{Diff}(D^3 ; S^2)) = 0$$

(où $\mathrm{Diff}(D^3 ; S^2)$ désigne le groupe des difféomorphismes de D^3 qui induisent l'identité sur S^2).

Notons $\mathcal{G}$ (resp. $\mathcal{H}$) le groupe $\mathrm{Diff}\ D^3$ (resp. $\mathrm{Diff}\ S^2$). D'après le théorème 1 de l'Appendice, l'application canonique $\alpha : \mathcal{G} \to \mathcal{H}$ est une fibration localement triviale, de sorte qu'on a une suite exacte :

(3) $$\ldots \pi_1(\mathcal{G}) \to \pi_1(\mathcal{H}) \to \pi_0(\mathrm{Diff}(D^3 ; S^2)) \to \pi_0(\mathcal{G}) \to \pi_0(\mathcal{H}) \to \ldots$$

Du théorème 4 de l'Appendice (théorème de Smale), il résulte que l'application composée

$$\pi_i(SO(3)) \to \pi_i(\mathcal{G}) \to \pi_i(\mathcal{H})$$

est un isomorphisme pour tout $i \geqslant 0$; donc :

1° $\pi_0(\mathcal{H}) = 0$;

2° L'application : $\pi_i(\mathcal{G}) \to \pi_i(\mathcal{H})$ est surjective pour tout $i \geqslant 1$. Il résulte donc de la suite exacte (3) que (2) équivaut à

(4) $$\pi_0(\mathcal{G}) = 0 .$$

On est donc ramené à montrer que le groupe $\mathcal{G}$ est connexe. Notons $\mathcal{E}$ l'espace des plongements d'orientation positive de D^3 dans R^3 ; de groupe $\mathcal{G}$ opère à droite dans $\mathcal{E}$, et y définit une structure d'espace fibré principal de fibre $\mathcal{G}$, de base notée $\mathcal{E}/\mathcal{G}$; cette fibration est localement triviale d'après le théorème 3 de l'Appendice. Soit $\mathcal{G}_e$ la composante connexe de l'élément neutre dans $\mathcal{G}$; on note $\mathcal{E}/\mathcal{G}_e = \mathcal{R}$; il résulte du théorème d'existence de sections locales utilisé au § 1 de l'Appendice pour démontrer le théorème 3, que l'application canonique $\mathcal{R} \to \mathcal{E}/\mathcal{G}$ est une fibration localement triviale ; sa fibre $\mathcal{G}/\mathcal{G}_e$ est discrète parce que $\mathcal{G}$ est localement connexe par arcs ; $\mathcal{R}$ est donc un <u>revêtement surjectif</u> de $\mathcal{E}/\mathcal{G}$ .L'espace $\mathcal{E}$ est connexe d'après la proposition 3 de l'Appendice ; donc $\mathcal{R}$ est connexe aussi ; or, d'une façon générale, <u>pour qu'un revêtement connexe soit trivial, il faut et il suffit qu'il admette une section continue</u>. Dans le cas présent, la trivialité de $\mathcal{R}$ équivaut à $\mathcal{G} = \mathcal{G}_e$, donc à (4) ; par conséquent le théorème 1 équivaut au suivant :

<u>Théorème</u> 1'. <u>Le revêtement</u> $\mathcal{R} = \mathcal{E}/\mathcal{G}_e$ <u>de</u> $\mathcal{E}/\mathcal{G}$ <u>admet une section continue</u>.

<u>Remarque</u> 1. L'espace $\mathcal{E}/\mathcal{G}$ est l'espace des sous-variétés différentiables de R^3 qui

sont difféomorphes à D^3. On l'appellera pour simplifier "<u>espace des 3-disques de</u> $\mathbb{R}^3$".

$\mathcal{R}$ est l' "espace des 3-disques de $\mathbb{R}^3$ munis d'une classe d'isotopie de paramétrages".

<u>Remarque</u> 2. Soit plus généralement $\mathcal{G}_n$ le groupe Diff D^n, et soit $\mathcal{G}_{n;e}$ la composante connexe de l'élément neutre dans $\mathcal{G}_n$. Soit $\mathcal{E}_n$ l'espace des plongements d'orientation positive de D^n dans $\mathbb{R}^n$; soit $\mathcal{R}_n = \mathcal{E}_n/\mathcal{G}_{n;e}$. L'application canonique $\mathcal{E}_n \to \mathcal{R}_n$ est une fibration localement triviale d'après le théorème 3 de l'Appendice ; on a donc une suite exacte :

(5) $$\cdots\ \pi_1(\mathcal{G}_{n;e}) \to \pi_1(\mathcal{E}_n) \to \pi_1(\mathcal{R}_n) \to 0.$$

D'après la proposition 3 de l'Appendice, l'application composée des applications canoniques :

$$\pi_i(SO(n+1)) \to \pi_i(\mathcal{G}_{n;e}) \to \pi_i(\mathcal{E}_n)$$

est un isomorphisme pour tout $i \geqslant 0$; donc l'application $\pi_i(\mathcal{G}_{n;e}) \to \pi_i(\mathcal{E}_n)$ est surjective ; donc, d'après la suite exacte (5), $\pi_1(\mathcal{R}_n) = 0$. En particulier (pour $n = 3$), $\pi_1(\mathcal{R}) = 0$; or le théorème 1, sous la forme 1', affirme que $\mathcal{R}$ s'identifie à $\mathcal{E}/\mathcal{G}$; le théorème 1 a donc le corollaire suivant :

<u>L'espace des 3-disques de</u> $\mathbb{R}^3$ <u>est simplement connexe.</u>

§ 3. <u>Espace des</u> $(n+1)$-<u>disques et espace des</u> n-<u>sphères de</u> $\mathbb{R}^{n+1}$.

Le but de ce paragraphe est de donner une interprétation nouvelle de l'espace $\mathcal{E}/\mathcal{G}$ qui intervient dans le théorème 1'.

<u>Notations</u>. On note $\mathcal{G}_{n+1}$ (resp. $\mathcal{H}_n$) le groupe Diff D^{n+1} (resp. Diff S^n) ; on

note α_n l'application canonique $\mathcal{G}_{n+1} \to \mathcal{H}_n$; on note $\mathcal{H}'_n$ l'image de α_n ; on rappelle (cf. § 1) que $\mathcal{H}_n/\mathcal{H}'_n = \Gamma_{n+1}$. On note $\mathcal{E}_{n+1}$ (resp. $\mathcal{F}_n$) l'espace des plongements de D^{n+1} (resp. S^n) dans R^{n+1} qui conservent l'orientation ; on note β_n l'application canonique $\mathcal{E}_{n+1} \to \mathcal{F}_n$; $\mathcal{G}_{n+1}$ et $\mathcal{H}_n$ opèrent à droite dans $\mathcal{E}_{n+1}$ et $\mathcal{F}_n$ respectivement, de façon compatible avec α_n et β_n. On convient de noter e les éléments distingués respectifs de $\mathcal{G}_{n+1}$ (élément neutre), $\mathcal{E}_{n+1}$ (plongement naturel de D^{n+1} dans R^{n+1}) $\mathcal{E}_{n+1}/\mathcal{G}_{n+1}$, $\mathcal{H}_n$, etc. L'espace quotient $\mathcal{E}_{n+1}/\mathcal{G}_{n+1}$ (resp. $\mathcal{F}_n/\mathcal{H}_n$) est l'espace des (n+1)-disques (resp. des n-sphères) de R^{n+1}. On note γ_n l'application "bord" canoniquement définie par la condition de rendre commutatif le diagramme suivant, où les deux suites horizontales sont exactes :

$$\begin{array}{ccccccccc}
e & \longrightarrow & \mathcal{G}_{n+1} & \longrightarrow & \mathcal{E}_{n+1} & \xrightarrow{p_{n+1}} & \mathcal{E}_{n+1}/\mathcal{G}_{n+1} & \longrightarrow & e \\
 & & \downarrow{\scriptstyle \alpha_n} & & \downarrow{\scriptstyle \beta_n} & & \downarrow{\scriptstyle \gamma_n} & & \\
e & \longrightarrow & \mathcal{H}_n & \longrightarrow & \mathcal{F}_n & \xrightarrow{q_n} & \mathcal{F}_n/\mathcal{H}_n & \longrightarrow & e
\end{array}$$

Si l'application β_n (resp. γ_n) est <u>surjective</u>, on dit que <u>la conjecture de Schönflies différentiable forte (resp. faible) est vraie pour la sphère</u> S^n.

Soient f et f' deux éléments de $\mathcal{E}_{n+1}$ tels que $\gamma \circ p_{n+1}.f = \gamma \circ p_{n+1}.f'$. D'après l'invariance du bord par plongement, les images $f(D^{n+1})$ et $f'(D^{n+1})$ de f et f' coïncident ; f' est donc de la forme $f \circ g$, où g est un difféomorphisme de D^{n+1}, qui conserve nécessairement l'orientation, puisque sa restriction à S^n la conserve ; on peut donc énoncer :

Lemme 3. Si deux éléments de $\mathcal{E}_{n+1}$ ont même image par $\gamma_n \circ p_{n+1}$, ils ont même image par p_{n+1} ; en particulier, $\gamma_n \circ p_{n+1}$ et p_{n+1} ont même noyau.

La commutativité du diagramme ci-dessus a alors les conséquences suivantes :

1°) L'application γ_n est injective.

2°) La surjectivité de β_n entraîne trivialement celle de γ_n ; compte tenu du lemme 3, elle entraîne aussi celle de α_n. Réciproquement, la surjectivité de α_n et γ_n entraîne celle de β_n (car l'image de β_n est saturée pour les opérations de $\mathcal{H}'_n$, donc, si α_n est surjectif, pour celles de $\mathcal{H}_n$). On peut donc énoncer :

Pour que la conjecture de Schönflies différentiable forte soit vraie pour S^n, il faut et il suffit que la conjecture faible correspondante soit vraie, et que $\Gamma_{n+1} = 0$ (1).

3°) D'après les théorèmes 1 et 3 de l'Appendice, les applications β_n et q_n sont des fibrations localement triviales ; donc l'application γ_n est ouverte.

4°) L'image de γ_n est celle de $q_n \circ \beta_n$; or, l'image de β_n est un fermé de $\mathcal{F}_n$, saturé pour les opérations de $\mathcal{H}'_n$, donc son image dans $\mathcal{F}_n/\mathcal{H}'_n$ est fermée ; $\mathcal{F}_n/\mathcal{H}'_n$ est fibré sur $\mathcal{F}_n/\mathcal{H}_n$, de fibre Γ_{n+1} ; donc si Γ_{n+1} est fini, l'image de γ_n est fermée. Comme en plus $\mathcal{E}_{n+1}$ est connexe, on peut énoncer :

Si Γ_{n+1} est fini, l'image de γ_n est la composante connexe de e dans $\mathcal{F}_n/\mathcal{H}_n$.

La dimension qui nous intéresse ici est $n = 2$; or, S. SMALE a démontré que Γ_3 est nul (cf. l'Appendice, corollaire 3 du théorème 4). Reprenant les notations du § 2 (c'est à dire $\mathcal{E}$, $\mathcal{G}$, $\mathcal{F}$, $\mathcal{H}$ pour $\mathcal{E}_3$, $\mathcal{G}_3$, $\mathcal{F}_2$, $\mathcal{H}_2$), on déduit des propriétés

(1) Rappelons que S. SMALE (cf. [8]) a démontré l'exactitude de la conjecture de Schönflies différentiable faible pour toute sphère S^n telle que $n \geqslant 4$.

ci-dessus le lemme suivant :

Lemme 4.

1°) γ_2 est un homéomorphisme de l'espace $\mathcal{E}/\mathcal{G}$ des 3-disques de R^3 sur la composante connexe de e dans l'espace $\mathcal{F}/\mathcal{H}$ des 2-sphères de R^3 ; $\mathcal{R} = \mathcal{E}/\mathcal{G}_e$ s'identifie à un revêtement connexe (à priori non surjectif) de $\mathcal{F}/\mathcal{H}$.

2°) Il y a équivalence entre les quatre propriétés suivantes :

(i) La conjecture de Schönflies différentiable faible est vraie pour S^2 ;

(ii) la conjecture de Schönflies différentiable forte est vraie pour S^2 ;

(iii) γ_2 est un homéomorphisme de $\mathcal{E}/\mathcal{G}$ sur $\mathcal{F}/\mathcal{H}$;

(iv) $\mathcal{R}$ s'identifie à un revêtement surjectif de $\mathcal{F}/\mathcal{H}$.

L'exactitude de la conjecture de Schönflies pour S^2 est un résultat classique : la conjecture combinatoire a été démontrée par ALEXANDER [1], et la conjecture différentiable par MORSE et BAIADA [4]. Il résulte donc du lemme 4 que le théorème 1' est équivalent au suivant :

Théorème 1". Le revêtement $\mathcal{R} = \mathcal{E}/\mathcal{G}_e$ de l'espace $\mathcal{F}/\mathcal{H}$ des 2-sphères de R^3 admet une section continue.

Dans les chapitres suivants, nous démontrerons le théorème 1" par une méthode qui est une généralisation de celle utilisée par Alexander et Morse pour démontrer la conjecture de Schönflies pour S^2. Nous serons conduits à donner au passage la démonstration détaillée du théorème d'Alexander-Morse (chapitre 3, § 5).

§ 4. Généralités sur le prolongement des sections d'un revêtement.

Le but de ce paragraphe est de démontrer un lemme de prolongement, le lemme 6, grâce auquel, pour démontrer le théorème 1", on pourra se borner à construire une section continue σ au-dessus d'une partie convenable de $\mathcal{F}/\mathcal{H}$; le lemme 5 sert à établir le lemme 6.

Définition. Soient $\mathcal{A}$ un espace topologique, $\mathcal{B}$ une partie de $\mathcal{A}$. Soit $x \in A$; on dit que $\mathcal{B}$ est localement connexe par arcs dans $\mathcal{A}$ en x si, pour tout voisinage $\mathcal{U}$ de x dans $\mathcal{A}$, il existe un voisinage $\mathcal{V}$ de x dans $\mathcal{A}$ tel que tout couple de points de $\mathcal{V} \cap \mathcal{B}$ puisse être joint par un chemin continu de $\mathcal{U} \cap \mathcal{B}$.

Si cette propriété a lieu pour tout $x \in \mathcal{A}$, on dit que $\mathcal{B}$ est localement connexe par arcs dans $\mathcal{A}$.

Lemme 5. Soient $\mathcal{A}$ un espace topologique, et $\mathcal{B}$ une partie de $\mathcal{A}$. On suppose que :

(1) $\mathcal{A}$ est localement connexe ;

(2) $\mathcal{B}$ est localement connexe par arcs dans $\mathcal{A}$.

Alors, si $\mathcal{R}$ est un revêtement de $\mathcal{A}$, toute section continue de $\mathcal{R}$ au-dessus de $\mathcal{B}$ se prolonge en une section continue de $\mathcal{R}$ au-dessus de l'adhérence $\bar{\mathcal{B}}$.

Démonstration. Soit $x \in \bar{\mathcal{B}}$; d'après (1), il existe un voisinage ouvert connexe $\mathcal{U}$ de x dans $\mathcal{A}$, assez petit pour que le revêtement $\mathcal{R}$ soit trivial au-dessus de $\mathcal{U}$. D'après (2), il existe un voisinage ouvert $\mathcal{V}$ de x dans $\mathcal{A}$, contenu dans $\mathcal{U}$, et tel que deux points quelconques de $\mathcal{V} \cap \mathcal{B}$ puissent être joints par un chemin contenu dans $\mathcal{U}$. Donc, si $\sigma : \mathcal{B} \to \mathcal{R}$ est une section continue, σ applique $\mathcal{V} \cap \mathcal{B}$ dans l'un des feuillets (connexes) de $\mathcal{R}$ au-dessus de $\mathcal{U}$; il existe donc une section continue, et une seule, de $\mathcal{R}$ au-dessus de $\mathcal{U}$, qui prolonge la restriction de σ à $\mathcal{V} \cap \mathcal{B}$, et par suite σ se prolonge par continuité à $\mathcal{V} \cap \bar{\mathcal{B}}$. Ce résultat étant valable au voisinage de chaque point de $\bar{\mathcal{B}}$, le lemme est démontré.

Lemme 6. *Soient $\mathcal{A}$ un espace topologique, et $\mathcal{B}$ une partie de $\mathcal{A}$. On suppose que :*

(1') $\mathcal{A}$ est localement connexe par arcs ;

(2') $\mathcal{B}$ est ouvert et dense dans $\mathcal{A}$;

(3') l'espace $\sum^1(\mathcal{B})$ des chemins continus de $\mathcal{B}$ est dense dans l'espace $\sum^1(\mathcal{A})$ des chemins continus de $\mathcal{A}$, pour la topologie de la convergence uniforme.

Alors, si $\mathcal{R}$ est un revêtement de $\mathcal{A}$, toute section continue de $\mathcal{R}$ au-dessus de $\mathcal{B}$ se prolonge en une section continue de $\mathcal{R}$ au-dessus de $\mathcal{A}$.

Démonstration. On se ramène au lemme 5 : puisque $\bar{\mathcal{B}} = \mathcal{A}$ d'après (2'), il suffira de montrer que la condition (2) du lemme 5 est remplie. Or, d'après (1'), tout $x \in \mathcal{A}$ possède un voisinage ouvert $\mathcal{U}$, connexe par arcs ; on va montrer que $\mathcal{U} \cap \mathcal{B}$ est connexe par arcs. Soient x', $x'' \in \mathcal{U} \cap \mathcal{B}$; d'après (1'), il existe un voisinage $\mathcal{V}'$ de x' et un voisinage $\mathcal{V}''$ de x'', tous deux connexes par arcs, et contenus dans $\mathcal{U} \cap \mathcal{B}$ (qui est ouvert à cause de (2')). Puisque $\mathcal{U}$ est connexe par arcs, il existe un chemin continu f, contenu dans $\mathcal{U}$, d'origine x' et d'extrémité x''. D'après (3') il existe un chemin continu g, contenu dans $\mathcal{U} \cap \mathcal{B}$, dont l'origine y' est dans $\mathcal{V}'$ et dont l'extrémité y'' est dans $\mathcal{V}''$. Comme y' peut être joint à x' par un chemin contenu dans $\mathcal{V}'$, et y'' à x'' par un chemin contenu dans $\mathcal{V}''$, on voit qu'il existe un chemin contenu dans $\mathcal{U} \cap \mathcal{B}$ d'origine x' et d'extrémité x''.

Q. E. D.

Chapitre II. Singularités de codimension 1 des fonctions différentiables réelles définies sur une 2-variété. Application : Subdivision cocellulaire de l'espace des 2-sphères de R^3.

Le but de ce chapitre est de définir et d'étudier un sous-espace de l'espace $\mathcal{F}/\mathcal{H}$ des 2-sphères de R^3 ayant les propriétés (2') et (3') du lemme 6 du chapitre I. Il faut pour cela commencer par faire un travail analogue sur l'espace des fonctions $S^2 \longrightarrow R$: c'est l'objet du §2. L'outil essentiel est le théorème de Thom rappelé au § 1.

§ 1. Les théorèmes de transversalité de Thom (cf. [7], exposé 6, théorèmes 5 et 6). Dans tout ce qui suit la variété W est supposée compacte ; on note $\mathrm{Hom}(W , M)$ l'espace des fonctions C^{∞} : $W \longrightarrow M$, muni de la topologie C^{∞} ; on note $J^r(W , M)$ l'espace des r-jets de W dans M.

Théorème de transversalité local. Soient W et M deux variétés de classe C^{∞} ; soit r un entier $\geqslant 0$; soit N une sous-variété stratifiée de $J^r(W , M)$. L'ensemble des applications f, de classe C^{∞}, de W dans M, dont la r-ième dérivée $f^{(r)}$ est transversale sur N, est un ouvert partout dense dans $\mathrm{Hom}(W , M)$.

Théorème de transversalité au but. Soient W et M deux variétés de classe C^{∞} ; soit r un entier $\geqslant 0$; soit n un entier $\geqslant 2$; soit Q une sous-variété stratifiée de $(J^r(W , M))^n$; on note $\sum_n$ la partie de $(J^r(W , M))^n$ formée des points dont les n

<u>composantes sont toutes distinctes</u> (par exemple, $\sum_2$ est le complémentaire de la diagonale de $(J^r(W , M))^2$). <u>L'ensemble des applications</u> f, <u>de classe</u> C^∞, <u>de</u> W <u>dans</u> M, <u>telles que la restriction de</u> $(f^{(r)})^n$ <u>à</u> $\sum_n$ <u>soit transversale sur</u> Q, <u>est partout dense dans</u> Hom(W , M).

Une application classique de ces théorèmes est la démonstration du théorème de Morse sur l'approximation des fonctions réelles. Soit W une variété compacte, et soit $M = \mathbb{R}$; on applique le théorème de transversalité local avec $r = 1$, en prenant pour N le sous-espace de $J^1(W , \mathbb{R})$ formé des jets correspondant à une dérivée nulle ; on trouve ainsi que l'ensemble des fonctions n'ayant qu'un nombre fini de singularités, toutes du type de Morse (i. e., la dérivée seconde est de rang maximum) est un ouvert partout dense de Hom(W , R) ; conformément à la terminologie de Thom, de telles fonctions seront appelées <u>correctes</u>. On applique ensuite le théorème de transversalité au but, avec $r = 1$ et $n = 2$, en prenant pour Q l'intersection de $N \times N$ avec l'image réciproque de la diagonale de $\mathbb{R} \times \mathbb{R}$; on trouve ainsi que l'ensemble des fonctions <u>excellentes</u> (au sens de Thom) est dense dans Hom(W , R) ; une fonction excellente est par définition une fonction correcte dont toutes les <u>valeurs</u> critiques sont distinctes. Par ailleurs, il est clair que l'ensemble des fonctions excellentes est <u>ouvert</u> dans l'ensemble des fonctions correctes ; c'est donc un <u>ouvert partout dense</u> de Hom(W , R).

§ 2. <u>Singularités de codimension 1 des fonctions différentiables réelles définies sur une variété compacte de dimension 2.</u>

On désigne par V une variété différentiable compacte de dimension 2 et par $\mathcal{K}$

l'espace $\mathrm{Hom}(V, \mathbf{R})$ des fonctions réelles de classe C^{∞} définies sur V, muni de la topologie C^{∞}. On note $\mathcal{H}^{o}$ le sous-espace de $\mathcal{H}$ formé des fonctions excellentes ; d'après le § 1, $\mathcal{H}^{o}$ est un ouvert partout dense de $\mathcal{H}$; mais l'espace des chemins $\sum^{1}(\mathcal{H}^{o})$ n'est certainement pas dense dans $\sum^{1}(\mathcal{H})$, car, en raison de la stabilité des singularités de Morse, tout chemin continu γ dans $\mathcal{H}^{o}$ est tel que pour toute valeur du paramètre λ, γ_{λ} a le même nombre de singularités. On est donc amené à se poser la question suivante : quelles singularités un sous-ensemble partout dense de $\sum^{1}(\mathcal{H})$ doit-il nécessairement rencontrer ? L'ensemble des chemins différentiables dans $\mathcal{H}$ étant dense dans $\sum^{1}(\mathcal{H})$, on est conduit à chercher la "forme générique" d'un chemin différentiable dans $\mathcal{H}$, et, pour cela, à appliquer les théorèmes de Thom dans les conditions suivantes : on prend $W = V \times I$, $M = \mathbf{R}$, $r = 2$. Comme dans l'exemple précédent, on applique successivement les deux théorèmes de Thom.

<u>Premiers temps</u>. <u>Application du théorème de transversalité local à la correction d'un chemin différentiable dans</u> $\mathcal{H}$.

On prend pour N le sous-espace de $J^{2}(V \times I, \mathbf{R})$ formé des jets qui vérifient les deux conditions suivantes : nullité de la dérivée partielle première par rapport à V, abaissement du rang de la dérivée partielle seconde par rapport à $V \times V$. Considérons une carte locale, définissant les coordonnées (x, y) dans un ouvert $\mathcal{U}$ de V, difféomorphe à $\mathbf{R}^{2}$. L'application qui à tout point $((x, y), \lambda) \in \mathcal{U} \times I$ et à tout chemin différentiable f dans $\mathcal{H}$ associe le point

$$(x, y, \lambda, z, p, q, \mu, r, s, t, \nu, \xi, \rho) \in \mathbf{R}^{2} \times I \times \mathbf{R}^{10}$$

défini par les équations :

$$(6)\qquad \begin{cases} z = f(x\ ,\ y\ ,\ \lambda) \\ p = \frac{\partial f}{\partial x}(x\ ,\ y\ ,\ \lambda)\ ;\ q = \frac{\partial f}{\partial y}(x\ ,\ y\ ,\ \lambda)\ ;\ \mu = \frac{\partial f}{\partial \lambda}(x\ ,\ y\ ,\ \lambda) \\ r = \frac{\partial^2 f}{\partial x^2}(x\ ,\ y\ ,\ \lambda)\ ;\ s = \frac{\partial^2 f}{\partial x \partial y}(x\ ,\ y\ ,\ \lambda)\ ;\ t = \frac{\partial^2 f}{\partial y^2}(x\ ,\ y\ ,\ \lambda) \\ \nu = \frac{\partial^2 f}{\partial x \partial \lambda}(x\ ,\ y\ ,\ \lambda)\ ;\ \xi = \frac{\partial^2 f}{\partial y \partial \lambda}(x\ ,\ y\ ,\ \lambda)\ ;\ \rho = \frac{\partial^2 f}{\partial \lambda^2}(x\ ,\ y\ ,\ \lambda) \end{cases}$$

définit un difféomorphisme de la partie de $J^2(V \times I\ ,\ \mathbb{R})$ située au-dessus de $\mathcal{U}$, sur $\mathbb{R}^2 \times I \times \mathbb{R}^{10}$. Pour ce système de coordonnées locales de $J^2(V \times I\ ,\ \mathbb{R})$, la restriction de l'application $f^{(2)}$ à $\mathcal{U} \times I$ est définie par :

$$f^{(2)}(x\ ,\ y\ ,\ \lambda) = (x\ ,\ y\ ,\ \lambda\ ,\ z\ ,\ p\ ,\ q\ ,\ \mu\ ,\ r\ ,\ s\ ,\ t\ ,\ \nu\ ,\ \xi\ ,\ \rho)$$

où z, p, q, etc. sont définis par les équations (6). Notons d'autre part $N_{\mathcal{U}}$ la partie de N située au-dessus de $\mathcal{U}$; les équations de $N_{\mathcal{U}}$ dans le système ci-dessus sont :

$$(7)\qquad \begin{cases} p = 0 \\ q = 0 \\ rt - s^2 = 0\ ; \end{cases}$$

autrement dit, $N_{\mathcal{U}} = \psi^{-1}(0)$, où ψ est l'application :

$$\mathbb{R}^2 \times I \times \mathbb{R}^{10} \ni (x\ ,\ y\ ,\ \lambda\ ,\ z\ ,\ p\ ,\ q\ ,\ \ldots) \mapsto (p\ ,\ q\ ,\ rt - s^2) \in \mathbb{R}^3\ .$$

La stratification de $N_{\mathcal{U}}$ est la suivante : les singularités de $N_{\mathcal{U}}$ sont les points où l'application ψ est de rang <3, c'est à dire ceux où l'on a :

$$r = s = t = 0\ ;$$

elles forment une sous-variété de codimension 5 de $\mathbb{R}^2 \times I \times \mathbb{R}^{10}$; d'après le théorème de transversalité local, l'ensemble des fonctions f, telles que l'image de $f^{(2)}$ ne rencontre pas cette sous-variété, est un ouvert partout dense de $\mathcal{K}$. On peut donc se borner à écrire la condition de transversalité de $f^{(2)}$ sur N aux points non singuliers de $N_{\mathfrak{U}}$. En ces points, ψ est de rang 3, de sorte que la condition de transversalité n'est autre que : $\psi \circ f^{(2)}$ est de rang maximum en tout point $((x, y), \lambda) \in \mathfrak{U} \times I$ tel que $p = q = rt - s^2 = 0$ [p, q, r, s et t étant définis par les équations (6), de sorte que ce sont des fonctions de (x, y, λ)]. Cette condition peut encore s'exprimer comme suit : le déterminant fonctionnel $\frac{D(p, q, rt - s^2)}{D(x, y, \lambda)}$ est $\neq 0$ en tout point où $p = q = rt - s^2 = 0$. On notera que l'expression ci-dessus de la condition de transversalité a été obtenue dans une carte locale arbitraire ; ceci justifie la définition suivante :

Définition 1. Soit f un chemin dans $\mathcal{K}$; on identifie f à l'application de $V \times I$ dans $\mathbf{R}$ qui lui est associée. On dit que f est correct s'il est différentiable, et si pour un système de coordonnées locales (x, y) de V (pour lesquelles on pose : $\frac{\partial f}{\partial x} = p$ et $\frac{\partial f}{\partial y} = q$) les fonctions

$$p , q , \frac{D(p , q)}{D(x , y)} , \frac{D\left(p , q , \frac{D(p , q)}{D(x , y)}\right)}{D(x , y , \lambda)}$$

ne s'annulent jamais simultanément.

De ce qui précède et du théorème de transversalité local résulte la proposition suivante :

Proposition 1. Les chemins corrects forment un ouvert partout dense dans l'espace des chemins différentiables à valeurs dans $\mathcal{K}$, muni de la topologie C^{∞} des applications de $V \times I$ dans $\mathbf{R}$.

__Etude d'un chemin correct__. Soit $f : \lambda \longmapsto f_\lambda$ un chemin correct dans $\mathcal{X}$; on lui associe les deux courbes suivantes :

- __l'indicatrice__ $\mathcal{J}$ de f : c'est la partie de $V \times I$ formée des (v , λ) tels que v soit un point singulier de f_λ.

- le __graphique__ de f : c'est l'image de l'indicatrice par l'application $\gamma : (v , \lambda) \longrightarrow (\lambda , f_\lambda(v))$; c'est la partie de $I \times \mathbf{R}$ formée des (λ , z) tels que z soit valeur singulière de f_λ.

L'étude se fait à l'aide de coordonnées locales (x , y) de V ; les notations p , q , r , s , t sont celles définies par les équations (6) ; on pose en plus :

$$\frac{D(p , q)}{D(x , y)} = rt - s^2 = \delta \quad ; \quad \frac{D(p , q , \delta)}{D(x , y , \lambda)} = \mathcal{D} .$$

Les équations locales de l'indicatrice sont :

$$(8) \qquad \begin{cases} p(x , y , \lambda) = 0 \\ q(x , y , \lambda) = 0 \end{cases} .$$

1°) Sur l'indicatrice, δ et $\mathcal{D}$ ne s'annulent jamais simultanément ; donc la matrice :

$$\begin{pmatrix} \frac{\partial p}{\partial x} & \frac{\partial p}{\partial y} & \frac{\partial p}{\partial \lambda} \\ \frac{\partial q}{\partial x} & \frac{\partial q}{\partial y} & \frac{\partial q}{\partial \lambda} \end{pmatrix}$$

est toujours de rang 2. Donc __l'indicatrice est une courbe sans singularité ; dans chaque système de coordonnées locales, les surfaces__ $p(x , y , \lambda) = 0$ __et__ $q(x , y , \lambda) = 0$ __se coupent transversalement le long de l'indicatrice__.

2°) La surface $\delta(x , y , \lambda) = 0$ est transversale à l'indicatrice ; elle la coupe donc en un nombre __fini__ de points ; ce sont les points à tangente horizontale de l'indicatrice. En un tel point, Ω est non nul ; donc l'un au moins des déterminants $\frac{D(p , q)}{D(y , \lambda)}$ et $\frac{D(p , q)}{D(\lambda , x)}$ est non nul ; supposons que ce soit $\frac{D(p , q)}{D(\lambda , x)}$; on peut alors résoudre les équations (8) au voisinage de ce point, et en tirer x et λ en fonction de y ; il sera plus commode de prendre le paramètre u, nul à l'origine, et défini par la condition : $\frac{du}{dy} = \frac{1}{\frac{D(p , q)}{D(\lambda , x)}}$. On a :

$$\frac{d\lambda}{du} = \delta \quad ; \quad \frac{d^2\lambda}{du^2} = \frac{d\delta}{du} = \Omega . \tag{9}$$

Comme Ω ne peut s'annuler en un point à tangente horizontale de l'indicatrice, on en déduit :

<u>L'indicatrice est une courbe correcte relativement à la projection de</u> $V \times I$ <u>sur</u> I. <u>En particulier, au voisinage d'un point à tangente horizontale, l'indicatrice est d'un seul côté du plan tangent horizontal.</u>

3^0) <u>Etude de la singularité présentée par la fonction</u> f_λ <u>en un point</u> (x , y) <u>tel que</u> (x , y , λ) <u>soit un point à tangente horizontale de l'indicatrice.</u> Ω étant non nul en un tel point, l'un au moins des déterminants $\frac{D(p , \delta)}{D(x , y)}$ et $\frac{D(q , \delta)}{D(x , y)}$ est non nul ; il en résulte qu'au point (x , y) la fonction f_λ vérifie les conditions suivantes :

(i) la dérivée première est nulle ;

(ii) la forme quadratique des dérivées secondes est de rang 1 ;

(iii) la forme quadratique des dérivées secondes et la forme des dérivées troisièmes sont premières entre elles.

<u>Mise sous forme canonique de cette singularité</u> (à l'aide de difféomorphismes locaux de la source V). On suppose $\lambda = 0$ et $(x , y) = (0 , 0)$. D'après (i) et (ii), on peut

supposer :

$$\frac{\partial f_o}{\partial x}(0\ ,\ 0) = \frac{\partial f_o}{\partial y}(0\ ,\ 0) = \frac{\partial^2 f_o}{\partial x \partial y}(0\ ,\ 0) = \frac{\partial^2 f_o}{\partial y^2}(0\ ,\ 0) = 0 \quad ; \quad \frac{\partial^2 f_o}{\partial x^2}(0\ ,\ 0) = 2.$$

La formule de Taylor donne alors :

$$f_o(x\ ,\ y) = x^2 + \int_0^1 [y^3\ \frac{\partial^3 f_o}{\partial y^3}(tx,ty)+3y^2x\ \frac{\partial^3 f_o}{\partial y^2 \partial x}(tx,ty)+3yx^2\ \frac{\partial^3 f_o}{\partial y \partial x^2}(tx,ty)+x^3\ \frac{\partial^3 f_o}{\partial x^3}(tx,ty)]\ \frac{(1-t)^2}{2}\ dt.$$

Donc f_o peut s'écrire :

$$f_o(x\ ,\ y) = x^2 + a_o(x\ ,\ y)y^3 + 3a_1(x\ ,\ y)y^2x + 3a_2(x\ ,\ y)yx^2 + a_3(x\ ,\ y)x^3$$

où a_o, a_1, a_2 et a_3 sont des fonctions de classe C^∞ ; en particulier :

$$a_o(x\ ,\ y) = \int_0^1 \frac{\partial^3 f_o}{\partial y^3}(tx\ ,\ ty)\ \frac{(1-t)^2}{2}\ dt$$

de sorte que $a_o(0\ ,\ 0) = \frac{1}{6}\ \frac{\partial^2 f_o}{\partial y^3}(0\ ,\ 0)$; donc, d'après (iii), $a_o(0\ ,\ 0)$ est non nul ;

de sorte que les équations :

$$\begin{cases} X = x \\ Y = (a_o(x\ ,\ y))^{1/3}\ (y + \dfrac{a_1(x\ ,\ y)}{a_o(x\ ,\ y)}\ x) \end{cases}$$

définissent un difféomorphisme local qui ramène f à la forme :

$$f_o(X\ ,\ Y) = X^2 + Y^3 + b(X\ ,\ Y)YX^2 + c(X\ ,\ Y)X^3\ .$$

Par le difféomorphisme local défini par les équations :

$$\begin{cases} \xi = X\sqrt{1 + b(X\ ,\ Y)Y + c(X\ ,\ Y)X} \\ \eta = Y \end{cases}$$

f_o prend alors la forme

$$f_o(\xi\ ,\ \eta) = \xi^2 + \eta^3\ .$$

En résumé : <u>en un point</u> (x , y) <u>tel que</u> (x , y , λ) <u>soit un point à tangente horizontale de l'indicatrice,</u> f_λ <u>présente une singularité du type</u> $f_\lambda(x , y) = x^2 + y^3$.

4^{0}) <u>Etude locale (à la source) de l'application</u> γ <u>de l'indicatrice sur le graphique.</u>
Soit (x_0 , y_0 , λ_0) un point de l'indicatrice, il lui correspond le point $(\lambda_0 , f_{\lambda_0}(x_0,y_0))$ du graphique ; deux cas sont à distinguer :

a. <u>La tangente à l'indicatrice au point</u> (x_0 , y_0 , λ_0) <u>n'est pas horizontale</u> ; on peut alors prendre λ comme paramètre local sur l'indicatrice ; par conséquent <u>l'application</u> γ <u>est au voisinage d'un tel point un plongement, dont l'image dans le plan des</u> (λ , z) <u>est un arc de courbe dont la tangente n'est jamais parallèle à l'axe des</u> z. (Rappelons que ce cas correspond à celui où (x_0 , y_0) est une singularité de Morse pour f_{λ_0}.)

b. <u>La tangente à l'indicatrice au point</u> (x_0 , y_0 , λ_0) <u>est horizontale</u>. (D'après le 2^{0}, ceci correspond au cas où (x_0 , y_0) est une singularité non de Morse pour f_{λ_0}, et n'a lieu que pour un nombre <u>fini</u> de points.) On suppose que $x_0 = y_0 = \lambda_0 = 0$, et on note $(x_0 , y_0 , \lambda_0) = 0$. On note :

$$\frac{D(p , q)}{D(y , \lambda)} = D_1 \quad ; \quad \frac{D(p , q)}{D(\lambda , x)} = D_2 .$$

Comme au 2^{0}, on suppose $D_2(0) \neq 0$, ce qui entraine $r(0) \neq 0$; le graphique est défini localement en fonction du paramètre u du 2^{0}, par les équations :

$$\begin{cases} \lambda = \lambda(u) \\ z = f(x(u) , y(u) , \lambda(u)) . \end{cases}$$

Les notations r , s , t , μ, ν, ξ , ρ qu'on va utiliser sont celles définies par les équations (6) ; on notera qu'on a identiquement $\frac{dp}{du} = \frac{dq}{du} = 0$. On a :

$$(10) \quad \begin{cases} \dfrac{dz}{du} = \dfrac{D(f , p , q)}{D(x , y , \lambda)} = pD_1 + qD_2 + \mu\delta & ; \\ \dfrac{d^2z}{du^2} = \dfrac{d\mu}{du}\delta + p\dfrac{dD_1}{du} + q\dfrac{dD_2}{du} + \mu\dfrac{d\delta}{du} & ; \end{cases}$$

D'où

$$\begin{cases} \dfrac{dz}{du}(0) = 0 & ; \\ \dfrac{d^2z}{du^2}(0) = \mu(0)\dfrac{d\delta}{du}(0) & ; \\ \dfrac{d^3z}{du^3}(0) = 2\dfrac{d\mu}{du}(0)\dfrac{d\delta}{du}(0) + \mu(0)\dfrac{d^2\delta}{du^2}(0) & . \end{cases}$$

Donc, compte tenu de (9) :

$$\begin{vmatrix} \dfrac{d^2\lambda}{du^2}(0) & \dfrac{d^3\lambda}{du^3}(0) \\ \dfrac{d^2z}{du^2}(0) & \dfrac{d^3z}{du^3}(0) \end{vmatrix} = \begin{vmatrix} \dfrac{d\delta}{du}(0) & \dfrac{d^2\delta}{du^2}(0) \\ \mu(0)\dfrac{d\delta}{du}(0) & \dfrac{2d\mu}{du}(0)\dfrac{d\delta}{du}(0) + \mu(0)\dfrac{d^2\delta}{du^2}(0) \end{vmatrix} = 2\delta^2(0)\dfrac{d\mu}{du}(0) ,$$

et cette dernière quantité est non nulle car :

$$\frac{d\mu}{du} = \frac{D(\mu , p , q)}{D(x , y , \lambda)} = - \begin{vmatrix} \nu & \xi & \rho \\ s & t & \xi \\ r & s & \nu \end{vmatrix}$$

et par conséquent :

$$\frac{d\mu}{du}(0) = - \frac{D_2^2(0)}{r(0)} \neq 0 \quad .$$

On peut énoncer : <u>si</u> (x_o , y_o , λ_o) <u>est un point à tangente horizontale de l'indicatrice, l'application</u> γ <u>a en ce point un rebroussement de première espèce</u> ; <u>et la tangente au graphique au point</u> $\gamma(x_o , y_o , \lambda_o)$ <u>n'est pas parallèle à l'axe des</u> z.

En rassemblant les résultats de (a) et (b), on obtient le lemme suivant :

<u>Lemme</u> 7. <u>Soit</u> f <u>un chemin correct dans</u> $\mathcal{K}$.

1°) <u>Le graphique de</u> f <u>est une courbe différentiable de</u> I × R (<u>où les coordonnées</u>

sont λ et z) ayant des singularités de deux sortes :

- des points de rebroussement de première espèce, en nombre fini ;

- des points multiples d'ordre fini (c'est à dire qu'en chacun de ces points se croisent un nombre fini de branches ; mais le nombre de ces points peut être infini).

En outre, la tangente à une branche du graphique n'est jamais parallèle à l'axe des z.

2°) Il existe un voisinage $\mathcal{V}$ de la diagonale $\Delta_{\mathcal{J}^2}$ de l'indicatrice tel que $\gamma^2(\mathcal{V} - \Delta_{\mathcal{J}^2})$ ne rencontre pas la diagonale de $(I \times R)^2$.

Etude du voisinage d'un chemin correct.

Lemme 8. Soit $\mathcal{J}$ une variété compacte de dimension 1 ; on note $\mathcal{L}$ l'espace des fonctions de classe C^∞ : $\mathcal{J} \to R^2$, qui sont de rang 1 sauf en un nombre fini de points, en lesquels il y a rebroussement de première espèce, et soit $\gamma \in \mathcal{L}$. Soit $\mathcal{V}$ un voisinage compact de la diagonale $\Delta_{\mathcal{J}^2}$; soit $\mathfrak{X}$ un voisinage (dans $(R^2)^2$) de $\gamma^2(\mathcal{V} - \Delta_{\mathcal{J}^2}) \cap \Delta_{(R^2)^2}$. Il existe un voisinage $\mathcal{U}$ de γ dans $\mathcal{L}$ tel que, pour tout $\gamma'' \in \mathcal{U}$,

$$\gamma''^2(\mathcal{V} - \Delta_{\mathcal{J}^2}) \cap \Delta_{(R^2)^2} \subset \mathfrak{X} .$$

Démonstration. On se ramène immédiatement à une propriété locale de la singularité "point de rebroussement de première espèce" : soit φ une injection de classe C^∞ : $[0 , 1] \to R^2$, ayant un rebroussement de première espèce au point 1/2, de rang 1 ailleurs ; toute application φ' suffisamment voisine de φ, et ayant un point de rebroussement, est injective. [Pour montrer ceci, on peut soit étudier un voisinage de φ dans $\mathrm{Hom}([0 , 1] , R^2)$; soit faire une démonstration directe à l'aide de la formule de Taylor.]

tous les couples (u'_1 , u'_2) tels que $d(u'_1 , u'_2) \leqslant \varepsilon/2)$. On a alors :

$$\mathcal{W} \cap (\mathcal{J}'^2 - \Delta_{\mathcal{J}'^2}) = (\mathcal{W} \cap \mathcal{J}'^2) - \Delta_{\mathcal{J}'^2} = (g_{f'})^2(\mathcal{V} - \Delta_{\mathcal{J}^2}) \ ;$$

de sorte que :

$$\gamma(\mathcal{W} \cap (\mathcal{J}'^2 - \Delta_{\mathcal{J}'^2})) = (\gamma' \circ g_{f'} \mid \mathcal{J})^2(\mathcal{V} - \Delta_{\mathcal{J}^2}) \ ;$$

par conséquent $\gamma(\mathcal{W} \cap (\mathcal{J}'^2 - \Delta_{\mathcal{J}'^2}))$ ne rencontre pas $\Delta_{(I \times R)^2}$. D'où le 3°.

4°) On applique le lemme 8, avec $\mathcal{J}$, $\mathcal{X}_\beta$ et $\gamma' \circ g_{f'}$ dans les rôles respectifs de $\mathcal{V}$, $\mathcal{X}$ et γ''.

<u>Deuxième temps</u>. <u>Application du théorème de transversalité au but</u> : <u>chemins excellents</u>.

On note N_0 la partie de $J^2(V \times I , R)$ définie en coordonnées locales par les équations

(11) $$p = q = 0.$$

On a : $N \subset N_0$, puisque N est défini par (7).

On désigne par π (resp. χ) la projection de $J^2(V \times I , R)$ sur la composante I de l'espace source (resp. sur l'espace-but R). On note Δ_{I^n} la diagonale de I^n (ensemble des points ayant toutes les coordonnées égales) ; π^n est la projection de $(J^2(V \times I , R))^n$ sur I^n canoniquement définie par π ; notations analogues : Δ_{R^n}, χ^n. La notation $\sum_n$ est celle définie dans l'énoncé du théorème de transversalité au but (avec $r = 2$). On pose

$$(N_0 \times N_0) \cap \overset{-1}{\pi}{}^2(\Delta_{I^2}) \cap \overset{-1}{\chi}{}^2(\Delta_{R^2}) = P.$$

<u>Définition</u> 2. On dit qu'un chemin dans $\mathcal{X}$ est <u>excellent</u> s'il est correct, et si en plus, les conditions suivantes sont simultanément vérifiées :

1) La restriction de $f^{(2)} \times f^{(2)}$ à $\sum_2$ est transversale sur P ;

2) La restriction de $f^{(2)} \times f^{(2)}$ à $\sum_2$ est transversale sur $(N \times N) \cap \overset{-1}{\pi}{}^2(\Delta_{I^2})$;

3) La restriction de $f^{(2)} \times f^{(2)} \times f^{(2)}$ à $\sum_3$ est transversale sur

$$(N_o \times N_o \times N_o) \cap \overset{-1}{\pi}{}^3(\Delta_{I^3}) \cap \overset{-1}{\chi}{}^3(\Delta_{R^3}) \quad ;$$

4) La restriction de $f^{(2)} \times f^{(2)} \times f^{(2)}$ à $\sum_3$ est transversale sur $(P \times N) \cap \overset{-1}{\pi}{}^3(\Delta_{I^3})$;

5) La restriction de $f^{(2)} \times f^{(2)} \times f^{(2)} \times f^{(2)}$ à $\sum_4$ est transversale sur $(P \times P) \cap \overset{-1}{\pi}{}^4(\Delta_{I^4})$.

__Description d'un chemin excellent.__ On note C_1 (resp. C_2, etc.) l'ensemble des chemins corrects vérifiant la condition (1) (resp. (2), etc.) de la définition 2.

__Description de__ C_1. La source de $f^{(2)} \times f^{(2)}$ est de dimension 6 ; P est défini par les six équations indépendantes :

$$(12) \qquad \begin{cases} p = p' = 0 \\ q = q' = 0 \\ \lambda = \lambda' \\ z = z' \end{cases} .$$

Supposons $f \in C_1$; il résulte en particulier du théorème de transversalité au but que pour tout voisinage $\mathcal{W}$ de la diagonale Δ de $(S^2 \times I)^2$, l'image de la restriction de $f^{(2)} \times f^{(2)}$ au complémentaire de $\mathcal{W}$ rencontre P en un nombre fini de points. Or, d'après le 3° de la proposition 2 (qu'on utilise dans un cas particulier simple qui est une conséquence immédiate du 2° du lemme 7), on peut choisir $\mathcal{W}$ de façon que l'image de la restriction de $f^{(2)} \times f^{(2)}$ au complémentaire de Δ ne rencontre alors P qu'en un nombre <u>fini</u> de points. La condition de transversalité en ces points s'écrit :

$$\frac{D(p\ ,\ q\ ,\ p'\ ,\ q'\ ,\ \lambda-\lambda'\ ,\ z-z')}{D(x\ ,\ y\ ,\ \lambda\ ,\ x'\ ,\ y'\ ,\ \lambda')} \neq 0 \quad ,$$

c'est à dire

$$(13) \qquad \delta(x\,,\,y\,,\,\lambda)\,\frac{D(z'\,,\,p'\,,\,q')}{D(x'\,,\,y'\,,\,\lambda')} - \delta(x'\,,\,y'\,,\,\lambda')\,\frac{D(z\,,\,p\,,\,q)}{D(x\,,\,y\,,\,\lambda)} \neq 0.$$

Le fait que l'image de la restriction de $f^{(2)} \times f^{(2)}$ au complémentaire de Δ ne rencontre P qu'en un nombre fini de points se traduit sur le graphique par le fait que celui-ci n'a qu'un nombre fini de points multiples. Il reste à interpréter (13) ; on rappelle que des équations paramétriques du graphique sont :

$$\begin{cases} \lambda = \lambda(u) \\ z = z(u) \end{cases} ;$$

compte tenu de (9) et (10), la condition (13) exprime donc la transversalité, en chaque point multiple, des diverses branches qui s'y rencontrent ; d'autre part, en un point de rebroussement du graphique, on a :

$$\delta(x\,,\,y\,,\,\lambda) = \frac{D(z\,,\,p\,,\,q)}{D(x\,,\,y\,,\,\lambda)} = 0 \quad ,$$

de sorte que (13) est impossible. En résumé :

<u>Les éléments de</u> C_1 <u>sont les chemins corrects vérifiant les conditions suivantes</u> : <u>le graphique n'a qu'un nombre fini de points multiples</u> ; <u>ils sont distincts des points de rebroussement</u> ; <u>et en un point multiple, deux branches quelconques se croisent transversalement</u>.

<u>Description de</u> C_2. Les équations locales de $(N \times N) \cap \overset{-1}{\pi}{}^{2}(\Delta_{I^2})$ sont :

$$\begin{cases} p = q = \delta = p' = q' = \delta' = 0 \\ \lambda = \lambda' \end{cases} .$$

Elles sont au nombre de 7 ; elles sont évidemment indépendantes ; la condition de transversalité se réduit donc à la condition d'intersection vide ; par conséquent :

Les éléments de C_2 sont les chemins corrects tels que, quelle que soit la valeur de λ, f_λ ait au plus une singularité non de Morse.

Description de C_3. La source de $f^{(2)} \times f^{(2)} \times f^{(2)}$ est de dimension 9. Les équations locales de la variété sur laquelle on transversalise s'obtiennent en ajoutant au système (12) les équations :

$$\begin{cases} p'' = q'' = 0 \\ \lambda = \lambda'' \\ z = z'' . \end{cases}$$

Cette variété est de codimension 10 ; la condition de transversalité se réduit donc à la condition d'intersection vide ; par conséquent :

Les éléments de C_3 sont les chemins corrects dont le graphique n'a pas de point multiple où se croisent plus de deux branches (autrement dit tous les points multiples sont des points doubles).

Description de C_4. Les équations locales de la variété sur laquelle on transversalise s'obtiennent en ajoutant au système (12) les équations

$$\begin{cases} p'' = q'' = \delta'' = 0 \\ \lambda = \lambda'' . \end{cases}$$

Cette variété est de codimension 10 ; la condition de transversalité se réduit donc à la condition d'intersection vide ; par conséquent :

Les éléments de C_4 sont les chemins corrects tels que, pour aucune valeur de λ, f_λ n'ait trois points singuliers distincts, tels que l'un soit non de Morse, et que les autres aient des valeurs singulières égales.

Description de C_5. La source de $f^{(2)} \times f^{(2)} \times f^{(2)} \times f^{(2)}$ est de dimension 12. Les équations de la variété sur laquelle on transversalise s'obtiennent en ajoutant au système (12) les équations

$$\begin{cases} p'' = p''' = q'' = q''' = 0 \\ \lambda = \lambda'' = \lambda''' \\ z'' = z''' \end{cases} .$$

Cette variété est de codimension 13 ; la condition de transversalité se réduit donc à la condition d'intersection vide ; par conséquent :

Les éléments de C_5 sont les chemins corrects dont le graphique n'a aucun couple de points multiples distincts correspondant à la même valeur de λ.

En rassemblant ces résultats, on obtient une caractérisation nouvelle des chemins excellents :

Proposition 3. Pour qu'un chemin dans $\mathcal{K}$ soit excellent, il faut et il suffit qu'il soit correct, et que son graphique n'ait qu'un nombre fini de singularités, qui soient toutes de l'un des deux types suivants :

- points de rebroussement de première espèce ;

- points doubles, en lesquels les deux branches se croisent transversalement.

Notations. On rappelle qu'on a noté $\mathcal{K}^0$ le sous-espace de $\mathcal{K}$ formé des fonctions excellentes.

On note $\mathcal{K}^1_\alpha$ le sous-espace de $\mathcal{K}$ formé des fonctions qui

a. ont un nombre fini de singularités, toutes du type de Morse, à l'exception d'une seule, qui est du type $f = x^2 + y^3$; et

b. ont toutes leurs valeurs singulières distinctes.

On note $\mathcal{K}^1_\beta$ le sous-espace de $\mathcal{K}$ formé des fonctions correctes qui ont exactement deux valeurs critiques égales.

On a :

$$\mathcal{K}^1_\alpha \cap \mathcal{K}^1_\beta = \emptyset .$$

On note

$$\mathcal{K}^1_\alpha \cup \mathcal{K}^1_\beta = \mathcal{K}^1 .$$

Avec ces notations, la proposition 3 s'interprète comme suit :

Proposition 3'. Pour qu'un chemin dans $\mathcal{K}$ soit excellent, il faut et il suffit qu'il soit correct, à valeurs dans $\mathcal{K}^0 \cup \mathcal{K}^1$, qu'il ne rencontre $\mathcal{K}^1_\beta$ que pour un nombre fini de valeurs de λ, et que, pour chacune de ces valeurs, les deux branches du graphique se croisent transversalement.

Remarque. Un chemin correct rencontre $\mathcal{K}^1_\alpha$ en un nombre fini de points ; donc un chemin excellent rencontre $\mathcal{K}^1$ en un nombre fini de points.

Proposition 4.

1°) Les chemins excellents forment un ouvert partout dense dans Hom(V × I , R).

2°) Soit f un chemin excellent ; soit f' un chemin voisin de f ; l'ensemble des points de rebroussement du graphique de f', ainsi que l'ensemble des points singuliers correspondants, varient continuement en fonction de f'. Même résultat pour l'ensemble des points doubles du graphique de f', ainsi que pour l'ensemble des couples de points singuliers correspondants.

<u>Démonstration</u>. Le théorème de transversalité au but entraîne que les ensembles C_1, C_2, C_3, C_4, C_5 des chemins corrects vérifiant respectivement les conditions (1), (2), (3), (4), (5) de la définition 2, sont des sous-ensembles <u>partout dense</u> de $Hom(V \times I , R)$; donc si l'on montre que C_1, C_2, C_3, C_4 et $C_1 \cap C_5$ sont <u>ouverts</u>, on aura établi le 1°. D'après la proposition 1, il suffit de montrer que C_1, C_2, C_3, C_4 et $C_1 \cap C_5$ sont ouverts dans le sous-ensemble de $Hom(V \times I , R)$ formé des chemins corrects ; c'est ce qu'on va faire ci-dessous ; en plus, on démontrera au passage le 2°.

C_1 <u>et</u> $C_1 \cap C_5$ <u>sont ouverts dans l'ensemble des chemins corrects</u>. Soit W un voisinage de la diagonale Δ de $(V \times I)^2$; tout f' suffisamment voisin de f est tel que la restriction de $f'^{(2)} \times f'^{(2)}$ à $(V \times I)^2 - W$ soit transversale sur P. Or le 3° de la proposition 2 peut s'interpréter comme suit : on peut choisir W de façon que, pour f' assez voisin de f, la restriction de $f'^{(2)} \times f'^{(2)}$ à $W - \Delta$ ne rencontre pas P. Donc, pour f' assez voisin de f, l'image de la restriction de $f'^{(2)} \times f'^{(2)}$ à $\sum_2 = (V \times I)^2 - \Delta$ rencontre P transversalement, donc suivant un ensemble fini de points, qui est voisin (en tant que sous-variété de dimension zéro) de celui relatif à f. Outre le fait que C_1 est ouvert, on a donc démontré que la partie du 2° qui concerne les points doubles du graphique est vraie dès que $f \in C_1$; et ceci entraîne que $C_1 \cap C_5$ est ouvert.

C_2 <u>est ouvert dans l'ensemble des chemins corrects</u>. En effet, les éléments de C_2 sont les chemins corrects tels que les plans tangents horizontaux à l'indicatrice soient tous distincts. D'après le 1° de la proposition 2, si cette propriété a lieu pour f, elle a lieu aussi pour f' assez voisin de f, et les points à tangente horizontale des indicatrices sont en nombre égal et deux à deux voisins. Ceci montre que C_2 est ouvert, et, en plus, achève la démonstration du 2°.

C_3 est ouvert dans l'ensemble des chemins corrects. On procède comme pour C_1. Soit $\mathcal{W}$ le voisinage de Δ fourni par le 3° de la proposition 2 ; soient $\varpi_1, \varpi_2, \varpi_3$ les projections de $(V \times I)^3$ sur $(V \times I)^2$ qui, à (u_1, u_2, u_3) associent respectivement (u_2, u_3), (u_3, u_1), (u_1, u_2). Posons :

$$\bigcup_{i=1,2,3} \overset{-1}{\varpi}_i(\mathcal{W}) = \mathcal{W}_3 \quad ;$$

$\mathcal{W}_3$ est un voisinage de $(V \times I)^3 - \Sigma_3$ tel que, pour f' assez voisin de f, la restriction de $(f'^{(2)})^3$ à $\mathcal{W}_3 \cap \Sigma_3$ ne rencontre pas

$$N_o^3 \cap \overset{-1}{\pi}{}^3(\Delta_{I^3}) \cap \overset{-1}{\chi}{}^3(\Delta_{R^3}).$$

Or il en est de même, pour f' assez voisin de f, de la restriction de $(f'^{(2)})^3$ à $(V \times I)^3 - \mathcal{W}_3$.

C_4 est ouvert dans l'ensemble des chemins corrects. C'est une conséquence immédiate du 2° et du 4° de la proposition 2.

La proposition 4 est ainsi démontrée.

Corollaire. $\Sigma^1(\mathcal{K}^\circ \cup \mathcal{K}^1)$ est dense dans $\Sigma^1(\mathcal{K})$ (muni, conformément aux notations du lemme 6 du chapitre I, de la topologie de la convergence uniforme des applications de I dans $\mathcal{K}$).

Démonstration. En effet, l'ensemble des chemins excellents dans $\mathcal{K}$ est contenu dans $\Sigma^1(\mathcal{K}^\circ \cup \mathcal{K}^1)$ d'après la proposition 3', et d'après la proposition 4, il est dense pour la topologie C^∞ de $\mathrm{Hom}(V \times I, R)$, qui est plus fine que celle de $\Sigma^1(\mathcal{K})$.

<u>Proposition</u> 5. $\mathcal{K}^0 \cup \mathcal{K}^1$ <u>est la réunion des images des chemins excellents à valeurs dans</u> $\mathcal{K}$.

<u>Démonstration</u>. D'après la proposition 3', il suffit de montrer que, par tout $f_0 \in \mathcal{K}^0 \cup \mathcal{K}^1$, il passe un chemin excellent. C'est clair si $f_0 \in \mathcal{K}^0$ ou $f_0 \in \mathcal{K}^1_\beta$. Si $f_0 \in \mathcal{K}^1_\alpha$, on choisit une carte locale $\mathcal{U}$ d'origine le point singulier non de Morse de f_0, et un difféomorphisme de $\mathbf{R}$, tels que f_0 prenne la forme : $f_0(x , y) = x^2 + y^3$ (cf. ci-dessus, 1er temps, 3°). Soit $\mathcal{V}$ le disque de rayon 1 de $\mathcal{U}$; soit ϖ une fonction de classe C^∞, à support compact, égale à 1 sur $\mathcal{V}$. On pose pour $\lambda \in \mathbf{R}$:

$$(14) \quad \begin{cases} f_\lambda(x , y) = x^2 + y^3 + \lambda y\, \varpi(x , y) & \text{pour} \quad (x , y) \in \mathcal{U} \\ f_\lambda = f_0 & \text{sur} \quad S^2 - \mathcal{U} \end{cases} .$$

En particulier, pour $(x , y) \in \mathcal{V}$, on a :

$$(14') \qquad f_\lambda(x , y) = x^2 + y^3 + \lambda y$$

donc, avec les notations utilisées précédemment, $\mathcal{D} = -24$; d'autre part, sur le complémentaire d'un voisinage quelconque de l'origine, f_0 est excellente ; il suffit donc de se restreindre à un intervalle de variation assez petit de λ pour obtenir, après changement de paramètre, un chemin excellent.

<u>Corollaire</u> 1.

1°) $\mathcal{K}^0 \cup \mathcal{K}^1$ <u>est ouvert dans</u> $\mathcal{K}$;

2°) $\mathcal{K}^1_\alpha$ <u>et</u> $\mathcal{K}^1_\beta$ <u>sont tous deux ouverts (et par conséquent fermés) dans</u> $\mathcal{K}^1$.

<u>Démonstration</u>.

1°) Soit $f_0 \in \mathcal{K}^0 \cup \mathcal{K}^1$; il passe par f_0 un chemin excellent f. Soit f'_0 voisin de f_0 dans $\mathcal{K}$; le chemin f' défini par : pour tout $\lambda \in I$, $f'_\lambda = f_\lambda + f'_0 - f_0$ (au sens de la structure vectorielle naturelle de $\mathcal{X}$) est excellent d'après le 1° de la proposition 4 ; donc $f'_o \in \mathcal{X}^o \cup \mathcal{X}^1$.

2°) Il est clair que $\mathcal{X}^1_\beta$ est ouvert dans $\mathcal{X}^1$: car les éléments de $\mathcal{X}^1_\beta$ sont corrects et ceux de $\mathcal{X}^1_\alpha$ ne le sont pas (et les éléments corrects de $\mathcal{X}$ forment un ouvert). Supposons $f_o \in \mathcal{X}^1_\alpha$; soit f'_o voisin de f_o dans $\mathcal{X}^1$, et soit f' comme au 1° ci-dessus ; d'après le 2° de la proposition 4, un point de l'image de f', qui est dans $\mathcal{X}^1$, et qui est voisin de f_o, est nécessairement dans $\mathcal{X}^1_\alpha$; donc $f'_o \in \mathcal{X}^1_\alpha$.

<u>Corollaire</u> 2. $\mathcal{X}^o, \mathcal{X}^1, \mathcal{X}^1_\alpha$ <u>et</u> $\mathcal{X}^1_\beta$ <u>sont stables pour les opérations dans</u> $\mathcal{X}$ <u>du groupe</u> $\mathcal{K}$ <u>des difféomorphismes de</u> S^2.

<u>Démonstration</u>. En effet, l'ensemble des chemins excellents est stable pour les opérations de $\mathcal{K}$; donc $\mathcal{X}^o \cup \mathcal{X}^1$ est stable ; or $\mathcal{X}^o$ est stable, donc $\mathcal{X}^1$ l'est aussi ; $\mathcal{X}^1_\beta$ est stable, donc $\mathcal{X}^1_\alpha$ l'est aussi.

<u>Proposition</u> 6. <u>Soit</u> $f_o \in \mathcal{X}^1$. <u>Il existe un voisinage</u> $\mathfrak{X}$ <u>de</u> f_o <u>dans</u> $\mathcal{X}^1$ <u>et un homéomorphisme</u> φ <u>de</u> $\mathfrak{X} \times [0 , 1]$ <u>sur un voisinage de</u> f_o <u>dans</u> $\mathcal{X}$, <u>tels que pour tout</u> $f'_o \in \mathfrak{X}$:

a. $\varphi(f'_o , \frac{1}{2}) = f'_o$;

b. <u>le chemin</u> $\lambda \longmapsto \varphi(f'_o , \lambda)$ <u>soit excellent</u>.

<u>En plus, on peut choisir</u> $\mathfrak{X}$ <u>et</u> φ <u>pour que</u> :

- <u>si</u> $f_o \in \mathcal{X}^1_\alpha$: $\mathfrak{X} \subset \mathcal{X}^1_\alpha$; $\varphi(f'_o , \lambda)$ <u>ait deux singularités du type de Morse voisines du point singulier non de Morse de</u> f_o <u>(qu'on note</u> 0) <u>pour</u> $\lambda \in [0 , \frac{1}{2}[$, <u>et n'ait aucune singularité au voisinage de</u> 0 <u>pour</u> $\lambda \in]\frac{1}{2} , 1]$.

- <u>si</u> $f_o \in \mathcal{X}^1_\beta$: $\mathfrak{X} \subset \mathcal{X}^1_\beta$; <u>si on désigne par</u> $\gamma_1(f'_o , \lambda)$ <u>et</u> $\gamma_2(f'_o , \lambda)$ <u>les valeurs</u>

singulières de $\psi(f'_o, \lambda)$ qui correspondent respectivement (par continuité) aux valeurs singulières égales de f_o, alors $\gamma_1(f'_o, \lambda) - \gamma_2(f'_o, \lambda)$ change de signe en même temps que $(\lambda - \frac{1}{2})$.

Remarque. On peut interpréter la proposition 6 en disant que $\mathcal{X}^o$ et $\mathcal{X}^1$ définissent une "subdivision cocellulaire" de $\mathcal{X}^o \cup \mathcal{X}^1$, pour laquelle $\mathcal{X}^o$ est de codimension 0 et $\mathcal{X}^1$ de codimension 1.

Démonstration de la proposition 6. On se borne au cas où $f_o \in \mathcal{X}^1_\alpha$ (le cas où $f_o \in \mathcal{X}^1_\beta$ est plus simple). D'après le corollaire 2 de la proposition 5, on peut choisir $\mathfrak{X} \in \mathcal{X}^1_\alpha$. Comme pour la proposition 5, on met f_o sous la forme $f_o(x,y) = x^2 + y^3$; on définit f_λ par les formules (14) ; on fait varier λ dans un intervalle J de centre 0, assez petit pour que l'arc ainsi défini soit excellent (i. e., le chemin défini par changement linéaire du paramètre est excellent). On pose, pour $(f'_o, \lambda) \in \mathfrak{X} \times J$:

$$\psi(f'_o, \lambda) = f_\lambda + f'_o - f_o .$$

On a : $\psi(f'_o, 0) = f'_o$. On va montrer que ψ est un homéomorphisme local, et pour cela montrer qu'il existe, au voisinage de f_0 dans $\mathcal{X}$, une application continue réciproque de ψ. Soit $f''_o \in \mathcal{X}$, suffisamment voisin de f_o ; on cherche $f'_o \in \mathcal{X}^1$ et $\lambda \in J$ tels que :

$$f_\lambda + f'_o - f_o = f''_o .$$

On cherche donc $\lambda \in J$ tel que, en posant $f_o + f''_o - f_\lambda = h''_\lambda$, on ait : $h''_\lambda \in \mathcal{X}^1$. Or (h''_λ) est un arc dépendant continuement de f''_o ; l'arc (h_λ) qui correspond à $f''_o = f_o$, est tel, d'après la linéarité en λ de l'équation (14'), que, pour $(x,y) \in \mathcal{V}$, on ait :

$$h_\lambda(x, y) = x^2 + y^3 - \lambda y$$

c'est l'arc opposé de (f_λ), il est excellent ; donc, pour f''_o assez voisin de f_o, le chemin correspondant à (h''_λ) est excellent ; il existe donc une valeur et une seule de λ, voisine de 0, telle que $h''_\lambda \in \mathcal{K}^1$, et cette valeur dépend continuement de λ.

Ainsi ψ est un homéomorphisme local ; l'application φ de l'énoncé s'obtient à partir de ψ par un changement linéaire du paramètre.

§ 3. Application à l'étude de $(\mathcal{F}/\mathcal{H})$; subdivision de $(\mathcal{F}/\mathcal{H})$ définie par $\mathcal{K}^o$ et $\mathcal{K}^1$.

On suppose maintenant que $V = S^2$, et on reprend les notations du chapitre I, § 3 ; en particulier, on note q la projection $\mathcal{F} \longrightarrow \mathcal{F}/\mathcal{H}$. On note j l'injection $\mathcal{F} \longrightarrow \mathrm{Hom}(S^2, R^3)$. On fait choix d'une projection ϖ de $\mathrm{Hom}(S^2, R^3)$ (qui s'identifie à $\mathcal{K} \times \mathcal{K} \times \mathcal{K}$) sur $\mathcal{K} = \mathrm{Hom}(S^2, R)$, par exemple celle définie par la projection $(x, y, z) \longmapsto z$ de R^3 sur R. On a le diagramme suivant :

$$\mathcal{F}/\mathcal{H} \xleftarrow{q} \mathcal{F} \xrightarrow{j} \mathrm{Hom}(S^2, R^3) \xrightarrow{\varpi} \mathcal{K} ;$$

on rappelle les propriétés suivantes des applications q, j et ϖ :

a. q est une fibration surjective et localement triviale ;

b. j identifie $\mathcal{F}$ à un ouvert de $\mathrm{Hom}(S^2, R^3)$;

c. ϖ est la projection d'un espace produit sur l'un de ses facteurs.

On note $\mathcal{F}^o$, $\mathcal{F}^1$, $\mathcal{F}^1_\alpha$, $\mathcal{F}^1_\beta$ les images réciproques respectives de $\mathcal{K}^o$, $\mathcal{K}^1$, $\mathcal{K}^1_\alpha$, $\mathcal{K}^1_\beta$ par $\varpi \circ j$.

Lemme 9.

1°) $\mathcal{F}^o \cap \mathcal{F}^1$ et $\mathcal{F}^1_\alpha \cap \mathcal{F}^1_\beta$ sont vides, $\mathcal{F}^o$ et $\mathcal{F}^o \cup \mathcal{F}^1$ sont des ouverts partout denses de $\mathcal{F}$; $\mathcal{F}^1_\alpha$ et $\mathcal{F}^1_\beta$ sont ouverts (et par conséquent fermés) dans $\mathcal{F}^1$.

2°) L'espace $\sum^1(\mathcal{F}^0 \cup \mathcal{F}^1)$ est dense dans l'espace $\sum^1(\mathcal{F})$ de tous les chemins continus dans $\mathcal{F}$ (muni de la topologie C^0).

3°) Pour tout $f_0 \in \mathcal{F}^1$, il existe un voisinage $\mathfrak{X}$ de f_0 dans $\mathcal{F}^1$ et un homéomorphisme φ de $\mathfrak{X} \times [0, 1]$ sur un voisinage $\mathcal{Y}$ de f_0 dans $\mathcal{F}$, tels que pour tout $f'_0 \in \mathfrak{X}$:

(i) $\varphi(f'_0, \frac{1}{2}) = f'_0$; $\varphi(f'_0, \lambda) \in \mathcal{F}^0$ pour $\lambda \neq \frac{1}{2}$;

(ii) le chemin $\lambda \mapsto \varpi \circ j \circ \varphi(f'_0, \lambda)$ soit excellent.

4°) $\mathcal{F}^1$ est localement connexe par arcs.

5°) $\mathcal{F}^0$, $\mathcal{F}^1$, $\mathcal{F}^1_\alpha$ et $\mathcal{F}^1_\beta$ sont stables pour les opérations de $\mathcal{H}$ dans $\mathcal{F}$.

Démonstration. Toutes ces propriétés se déduisent (à l'aide de (b) et (c)) des propriétés de $\mathfrak{X}^0$, $\mathfrak{X}^1$, $\mathfrak{X}^1_\alpha$ et $\mathfrak{X}^1_\beta$ démontrées au § 2. En particulier :

– le 1° utilise le théorème de Morse ($\mathfrak{X}^0$ est un ouvert partout dense de $\mathfrak{X}$) et le corollaire 1 de la proposition 5 ;

– le 2° utilise le fait que $\sum^1(\mathrm{Hom}(S^2, R^3))$ s'identifie à $(\sum^1(\mathfrak{X}))^3$ et le corollaire de la proposition 4 ;

– le 3° résulte immédiatement de (c) et de la proposition 6 ;

– le 4° résulte immédiatement du 3° et du fait que $\mathcal{F}$ est localement connexe par arcs.

– le 5° résulte immédiatement du corollaire 2 de la proposition 5.

On note $(\mathcal{F}/\mathcal{H})^0$, $(\mathcal{F}/\mathcal{H})^1$, etc., les images respectives de $\mathcal{F}^0$, $\mathcal{F}^1$, etc. par q.

Proposition 7.

1°) $(\mathcal{F}/\mathcal{H})^0 \cap (\mathcal{F}/\mathcal{H})^1$ et $(\mathcal{F}/\mathcal{H})^1_\alpha \cap (\mathcal{F}/\mathcal{H})^1_\beta$ sont vides ; $(\mathcal{F}/\mathcal{H})^0$ et

$(\mathcal{F}/\mathcal{H})^{0} \cup (\mathcal{F}/\mathcal{H})^{1}$ sont des ouverts partout denses de $\mathcal{F}/\mathcal{H}$; $(\mathcal{F}/\mathcal{H})^{1}_{\alpha}$ et $(\mathcal{F}/\mathcal{H})^{1}_{\beta}$ sont ouverts (et par conséquent fermés) dans $(\mathcal{F}/\mathcal{H})^{1}$.

2°) L'espace $\sum^{1}((\mathcal{F}/\mathcal{H})^{0} \cup (\mathcal{F}/\mathcal{H})^{1})$ est dense dans $\sum^{1}(\mathcal{F}/\mathcal{H})$.

3°) Tout point $F_0 \in (\mathcal{F}/\mathcal{H})^{1}$ admet un système fondamental de voisinages Y dans $(\mathcal{F}/\mathcal{H})^{0} \cup (\mathcal{F}/\mathcal{H})^{1}$ ayant les propriétés suivantes :

- Y et $Y \cap (\mathcal{F}/\mathcal{H})^{1}$ sont tous deux connexes par arcs ;

- $Y \cap (\mathcal{F}/\mathcal{H})^{0}$ a exactement deux composantes connexes par arcs, Y_1 et Y_2, qui (dans chacun des cas $F_0 \in (\mathcal{F}/\mathcal{H})^{1}_{\alpha}$ et $F_0 \in (\mathcal{F}/\mathcal{H})^{1}_{\beta}$) peuvent être caractérisées comme dans la proposition 6.

4°) $(\mathcal{F}/\mathcal{H})^{1}$ est localement connexe par arcs ; pour tout voisinage Y du type ci-dessus, si X désigne l'intersection de Y et de $(\mathcal{F}/\mathcal{H})^{1}$, Y_1 est localement connexe par arcs dans $Y_1 \cup X$ en F_0 (cf. chapitre I, paragraphe 4); même résultat pour Y_2.

5°) Par tout point $F_0 \in (\mathcal{F}/\mathcal{H})^{1}$ passe un chemin qui "traverse" $(\mathcal{F}/\mathcal{H})^{1}$ en F^{0} (ceci a un sens d'après le 3°).

Démonstration. Le 1° résulte de la condition (a) ci-dessus, du 1° et du 5° du lemme 9. Le 2° résulte de la condition (a) et du 2° du lemme 9.

Démonstration du 3°. Soit $f_0 \in q^{-1}(F_0)$; f_0 possède dans $\mathcal{F}^{0}$ un voisinage du type du 3° du lemme 9 ; par conséquent, à tout système fondamental de voisinages $\mathcal{X}$ suffisamment petits de f_0 dans $\mathcal{F}^{1}$, on peut associer un système fondamental de voisinages $\mathcal{Y}$ de f_0 dans $\mathcal{F}^{0}$, du type du 3° du lemme 9, tels que $\mathcal{Y} \cap \mathcal{F}^{1} = \mathcal{X}$. D'après le 4° du lemme 9, on peut choisir tous les $\mathcal{X}$ connexes par arcs. Soient $\mathcal{Y}_1$ et $\mathcal{Y}_2$ les deux composantes de $\mathcal{Y} - \mathcal{X}$; on note X, Y, Y_1, Y_2 les images respectives de $\mathcal{X}$, $\mathcal{Y}$, $\mathcal{Y}_1$, $\mathcal{Y}_2$ par q ; Y_1 et Y_2 sont connexes par arcs, et d'après (a) ils sont ouverts dans Y ; d'après le 5° du lemme 9, $Y_1 \cup Y_2 = Y - X$; il reste à montrer que Y_1 et Y_2 ne se coupent pas, autrement dit, que, pour $\mathcal{Y}$ assez petit, un point y_1 de $\mathcal{Y}_1$ ne peut être équivalent, pour les opérations de $\mathcal{H}$, à un point y_2 de $\mathcal{Y}_2$; cela résulte des caractérisations données à la proposition 6 pour chacun des cas $f_o \in \mathcal{F}^1_\alpha$ et $f_o \in \mathcal{F}^1_\beta$; (cela résulte d'ailleurs aussi de la stabilité de $\mathcal{F}^1$ et du fait que $\mathcal{H}$ est localement connexe par arcs).

Le 4° est une conséquence immédiate du 3°. Pour le 5°, il suffit de projeter sur $\mathcal{F}/\mathcal{H}$ un chemin de $\mathcal{F}$ traversant $\mathcal{F}^1$ en f_o.

<u>Corollaire</u>. <u>Le théorème</u> 1''' <u>ci-dessous entraîne le théorème</u> 1" (cf. Chapitre I, § 3) <u>et par conséquent le théorème</u> 1 <u>et la nullité de</u> Γ_4 :

<u>Théorème</u> 1''' . <u>Le revêtement</u> $\mathcal{R} = \mathcal{E}/\mathcal{G}_e$ <u>de</u> $\mathcal{F}/\mathcal{H}$ <u>admet une section continue au-dessus de</u> $(\mathcal{F}/\mathcal{H})^o \cup (\mathcal{F}/\mathcal{H})^1$.

<u>Démonstration du corollaire</u>. $\mathcal{F}/\mathcal{H}$ est localement connexe par arcs d'après (a), puisque $\mathcal{F}$ est localement connexe par arcs ; et d'après le 1° et le 2° de la proposition 7, $(\mathcal{F}/\mathcal{H})^o \cup (\mathcal{F}/\mathcal{H})^1$ vérifie les conditions du lemme 6 du chapitre I.

Chapitre III. Le théorème de Schönflies pour S^2.

§ 1. Plongements fidèles du bord d'une variété.

Soit F un compact de R^n ; on appélle enveloppe de F, et on note classiquement $\hat{F}$, la réunion de F et des composantes connexes bornées de $R^n - F$.

Soit M une variété au sens du § 4 de l'Appendice ; on suppose que M est compacte, connexe, de dimension n. Soit f une application continue du bord ∂M de M dans R^n ; on note F l'image de f. On dit que f est un plongement fidèle (sous-entendu : de classe C^∞) de ∂M dans R^n s'il existe un voisinage ouvert V de ∂M dans M tel que f puisse se prolonger en un difféomorphisme (de classe C^∞) de V sur un voisinage de F dans $\hat{F}$.

Notations. Dans la suite, on sera amené à considérer certaines sous-variétés compactes, connexes, de R^3 ; on les notera M_k, l'indice k pouvant prendre un certain nombre de valeurs entières. On notera :

$\mathcal{E}_k$ = espace des plongements de M_k dans R^3, conservant l'orientation ;

$\mathcal{G}_k$ = groupe des difféomorphismes de M_k conservant l'orientation ;

$\mathcal{F}_k$ = espace des plongements fidèles de ∂M_k dans R^3, conservant l'orientation ;

$\mathcal{H}_k$ = groupe des difféomorphismes de ∂M_k conservant l'orientation.

Comme précédemment dans le cas du disque D^3 (cf. chapitre I, § 3) on définit les espaces $\mathcal{E}_k/\mathcal{G}_k$, $\mathcal{F}_k/\mathcal{H}_k$, et on a le diagramme commutatif :

$$\begin{array}{ccc} \mathcal{E}_k & \longrightarrow & \mathcal{E}_k/\mathcal{G}_k \\ \downarrow & & \downarrow \\ \mathcal{F}_k & \longrightarrow & \mathcal{F}_k/\mathcal{H}_k \end{array} .$$

En particulier, le disque D^3 sera désormais désigné le plus souvent par M_o ; de sorte que les espaces $\mathcal{E}$, $\mathcal{F}$, etc. (cf. chapitre I, § 2 et 3) seront désormais notés $\mathcal{E}_o$, $\mathcal{F}_o$, etc.

§ 2. Décompositions d'une 2-sphère plongée dans R^3.

On note $\mathcal{D}(\mathcal{F}_o/\mathcal{H}_o)$ l'ensemble des couples (F , D) où $F \in \mathcal{F}_o/\mathcal{H}_o$, et où D est une sous-variété de R^3 difféomorphe à D^2, telle que $F \cap D = \partial D$, et que F et D soient transversaux en tout point de ∂D.

Soient (F , D) et (F' , D') deux éléments de $\mathcal{D}(\mathcal{F}_o/\mathcal{H}_o)$; un <u>difféomorphisme de</u> (F , D) <u>sur</u> (F' , D') est une application $f : F \cup D \to F' \cup D'$, telle que $f|D$ soit un difféomorphisme de D sur D', et $f|F$ un difféomorphisme de F sur F' ; on dit que f <u>conserve l'orientation</u> si $f|F$ est compatible avec les orientations respectivement induites sur F et F' par $\hat{F}$ et $\hat{F}'$ orientés positivement. <u>Quels que soient les éléments</u> (F , D) <u>et</u> (F' , D') <u>de</u> $\mathcal{D}(\mathcal{F}_o/\mathcal{H}_o)$, <u>il existe un difféomorphisme de</u> (F , D) <u>sur</u> (F' , D') <u>conservant l'orientation</u> : car, d'après l'exactitude de la conjecture de Schönflies pour S^1, il existe un difféomorphisme f, conservant l'orientation de $(F , \partial D)$ sur $(F' , \partial D')$; et d'après la nullité de Γ_2, $f|\partial D$ se prolonge en un difféomorphisme de D sur D'.

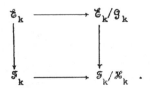

On dit qu'un difféomorphisme f de (F , D) sur (F' , D') est <u>fidèle</u> s'il existe un voisinage ouvert V de $F \cup D$ dans $\widehat{F \cup D}$ tel que f puisse se prolonger en un difféomorphisme de V sur un voisinage de $F' \cup D'$ dans $\widehat{F' \cup D'}$. Si (F , D) et (F' , D') sont fidèlement difféomorphes, alors D' est ou n'est pas contenu dans $\hat{F}'$ suivant que D est ou n'est pas contenu dans $\hat{F}$. Réciproquement, supposons par exemple que $D \subset \hat{F}$ et $D' \subset \hat{F}'$; soit f un difféomorphisme arbitraire de (F , D) sur (F' , D') ; soient $\hat{F}_1$ et $\hat{F}_2$ les adhérences des deux composantes connexes de $\hat{F} - D$; on note (pour $i = 1, 2$) $\partial \hat{F}_i = F_i$ et $f(F_i) = F'_i$; F_1 , F_2 , F'_1 , F'_2 ont chacun une arête saillante ; donc $f|F_1$ et $f|F_2$ sont fidèles, donc f est fidèle ; on a le même résultat lorsque $D \subset \overline{R^3 - \hat{F}}$ et $D' \subset \overline{R^3 - \hat{F}'}$; on en conclut :

<u>L'ensemble $\mathcal{D}(\mathcal{F}_o/\mathcal{H}_o)$ se partage en deux classes pour la relation de difféomorphisme fidèle. En plus, si deux éléments sont fidèlement difféomorphes, il existe toujours un difféomorphisme fidèle de l'un sur l'autre qui conserve l'orientation.</u>

Il est commode pour la suite de choisir un représentant dans chaque classe. On note D_o l'équateur de M_o, autrement dit le disque de centre 0, de rayon 1, du plan $\{z = 0\}$. On note d'autre part D_2 l'intersection de $\overline{R^3 - M_o}$ avec la sphère $\{x^2 + y^2 + (z - 1)^2\} = 1$. On choisit comme représentants $(\partial M_o , D_o)$ et $(\partial M_o , D_2)$; un élément de $\mathcal{D}(\mathcal{F}_o/\mathcal{H}_o)$ sera dit du <u>premier type</u> ou <u>du second type</u> suivant qu'il est fidèlement difféomorphe à $(\partial M_o , D_o)$ ou à $(\partial M_o , D_2)$.

On note M_1 la partie $\{z \geqslant 0\}$ de M_o ; et on note $\widehat{M_o \cup D_2} = M_2$; (voir la figure 1 du chapitre IV). Les variétés $\overline{M_o - M_1}$ et $\overline{M_2 - M_o}$ sont difféomorphes à M_1. Il en résulte qu'à tout élément (F , D) de $\mathcal{D}(\mathcal{F}_o/\mathcal{H}_o)$ est associé :

- s'il est du premier type, un élément de $(\mathcal{F}_1/\mathcal{H}_1) \times (\mathcal{F}_1/\mathcal{H}_1)$ défini à l'ordre près ;

– s'il est du deuxième type, un élément de $(\mathcal{F}_2/\mathcal{H}_2) \times (\mathcal{F}_1/\mathcal{H}_1)$.

§ 3. Cercles minimaux ; décompositions d'Alexander.

Soit $F \in \mathcal{F}_0/\mathcal{H}_0$; on note $\mathcal{P}(F)$ la famille des plans horizontaux non tangents à F. Soit $P \in \mathcal{P}(F)$; $P \cap F$ se compose d'un nombre fini de "cercles" (i. e. de sous-variétés difféomorphes à S^1) le long desquels F et P se coupent transversalement. Soit C un tel cercle, soit D l'enveloppe de C dans P ; D est difféomorphe au disque D^2.

Définition 1. On dit que C est un cercle minimal de F si $\overset{\circ}{D} \cap F = \emptyset$.

Il suffit que $P \cap F$ soit non vide pour qu'il existe parmi les composantes connexes de $P \cap F$ un cercle minimal de F.

Soit C un cercle minimal de F ; soit D l'enveloppe de C dans son plan horizontal ; le couple (F , D) est un élément de l'espace $\mathcal{D}(\mathcal{F}_0/\mathcal{H}_0)$ considéré au paragraphe précédent ; on dit que (F , D) est la décomposition d'Alexander de F définie par C.

Cas où $F \in (\mathcal{F}_0/\mathcal{H}_0)^{\circ}$; espaces $(\mathcal{F}_1/\mathcal{H}_1)^{\circ}$ et $(\mathcal{F}_2/\mathcal{H}_2)^{\circ}$. On rappelle que l'espace $(\mathcal{F}_0/\mathcal{H}_0)^{\circ}$ (défini au § 3 du chapitre II, avec la notation $(\mathcal{F}/\mathcal{H})^{\circ}$) est le sous-espace $\mathcal{F}_0/\mathcal{H}_0$ formé des variétés "excellentes pour la cote z". On va définir les espaces $(\mathcal{F}_k/\mathcal{H}_k)^{\circ}$ pour $k = 1, 2$. Pour qu'un élément F de $\mathcal{F}_k/\mathcal{H}_k$ appartienne à $(\mathcal{F}_k/\mathcal{H}_k)^{\circ}$ il faut et il suffit que F ait une face horizontale, que le plan de cette face ne soit pas tangent à la seconde face, et que cette seconde face soit "excellente pour la cote".

Tout élément de $\mathcal{F}_k/\mathcal{H}_k$ associé à une décomposition d'Alexander d'un élément de

$(\mathcal{F}_0/\mathcal{H}_0)^o$ est un élément de $(\mathcal{F}_k/\mathcal{H}_k)^o$. Inversement, tout élément de $(\mathcal{F}_k/\mathcal{H}_k)^o$ $(k = 1, 2)$ peut être obtenu par ce procédé ; on va préciser ceci.

Définition 2. Soit $F \in (\mathcal{F}_k/\mathcal{H}_k)^o$ $(k = 1, 2)$. On dit qu'un élément F_0 de $(\mathcal{F}_0/\mathcal{H}_0)^o$ est un bon arrondi de F s'il existe une décomposition d'Alexander de F_0 en deux éléments dont l'un soit F, et dont l'autre, noté F', ait les propriétés suivantes :

$F' \in (\mathcal{F}_1/\mathcal{H}_1)^o$;

F' a une seule singularité (nécessairement un sommet) ;

F' n'est rencontré par aucun plan horizontal tangent à F.

Tout élément F de $(\mathcal{F}_k/\mathcal{H}_k)^o$ admet un bon arrondi $(k = 1, 2)$. Soit en effet D la face horizontale de F ; soit C le bord de D. Supposons par exemple qu'au voisinage de D, F soit tout entier en-dessous du plan horizontal P de D. Il existe un élément F'' de $(\mathcal{F}_1/\mathcal{H}_1)^o$, situé au-dessus de P, contenu dans un voisinage arbitrairement petit V de D, ayant une seule singularité, et tel que $F'' \cap P = D$. D'après [2] (II, 2.4.4, p. 301), on peut apporter au théorème 1 de l'Appendice la précision suivante : la fibration considérée dans ce théorème est localement différentiablement triviale ; de ceci on déduit facilement qu'il existe un isotopie γ de V, laissant la cote invariante, et telle que $\gamma(F'' - \overset{o}{D})$ se raccorde avec $F - \overset{o}{D}$ le long de C ; il suffit de choisir V assez petit pour que $(F \cup F'') - \overset{o}{D}$ soit un bon arrondi de F.

§ 4. Cercles essentiels ; complexité d'Alexander ; décompositions simplifiantes.

Définition 3. Soit $F \in (\mathcal{F}_0/\mathcal{H}_0)^o$; soit $P \in \mathcal{P}(F)$ (cf. § 3) et soit C une composante de $P \cap F$. On dit que C est un cercle essentiel de F si, sur chaque composante connexe de $F - C$, il y a au moins un col.

Définition 4. Soit $F \in (\mathcal{F}_o/\mathcal{H}_o)^o$; on appelle complexité de F le couple (i , j) où i est le nombre de cols de F, et où j est défini comme suit : s'il existe sur F un cercle essentiel, alors

$$j = \inf_{\substack{C \text{ cercle essentiel de } F \\ D \text{ enveloppe de } C \text{ dans son plan}}} (\text{nombre de composantes connexes de } D \cap F) \ ;$$

et s'il n'existe sur F aucun cercle essentiel, $j = 0$.

Soit $F \in (\mathcal{F}_k/\mathcal{H}_k)^o$ $(k = 1, 2)$; la complexité d'un bon arrondi F_o de F est indépendante du choix particulier de F_o, ce qui justifie la définition suivante :

Définition 4'. Soit $F \in (\mathcal{F}_k/\mathcal{H}_k)^o$ $(k = 1 , 2)$; on appelle complexité de F la complexité d'un bon arrondi (arbitraire) de F.

Notations. On note $(\mathcal{F}_k/\mathcal{H}_k)^o_{(i,j)}$ (resp. $(\mathcal{F}_k/\mathcal{H}_k)^o_{\leqslant(i,j)}$, resp. $(\mathcal{F}_k/\mathcal{H}_k)^o_{<(i,j)}$) la partie de $(\mathcal{F}_k/\mathcal{H}_k)^o$ formée des éléments de complexité égale (resp. inférieure ou égale, resp. strictement inférieure) à (i , j) (l'ordre considéré sur l'ensemble des complexités est l'ordre lexicographique).

Remarque 1. Soit $F \in (\mathcal{F}_o/\mathcal{H}_o)^o_{(i,j)}$; soit C un cercle essentiel de F, soit D l'enveloppe de C dans son plan ; si $D \cap F$ a exactement j composantes connexes, alors aucune d'entre elles n'est essentielle. Il en résulte que j est inférieur au nombre de sommets de F (le mot sommet étant pris au sens généralisé suivant : point critique en lequel la forme quadratique des dérivées secondes est définie positive ou négative) ; d'où l'inégalité $j \leqslant i + 2$. Cette inégalité (qui peut d'ailleurs être renforcée) montre que, pour tout k et tout i, l'ensemble des j tels que $(\mathcal{F}_k/\mathcal{H}_k)^o_{(i,j)}$ soit non vide, est fini. Ce fait ne jouera d'ailleurs pas de rôle essentiel dans la suite.

Remarque 2. Soit F un élément de $(\mathcal{F}_o/\mathcal{H}_o)^o_{(o,o)}$; toute décomposition de F est du premier type. Donc $(\mathcal{F}_2/\mathcal{H}_2)^o_{(o,o)}$ est vide.

Définition 5. Soit $F \in (\mathcal{F}_o/\mathcal{H}_o)^o$; on dit qu'une décomposition d'Alexander de F est simplifiante si les deux variétés F' et F" associées à cette décomposition sont l'une et l'autre de complexité strictement plus petite que celle de F (pour l'ordre lexicographique).

Si C est un cercle à la fois minimal et essentiel pour F ; ou si, F étant de complexité (i , j), C est un cercle minimal contenu dans l'enveloppe horizontale D' d'un cercle essentiel C', tel que $D' \cap F$ ait exactement j composantes connexes ; alors la décomposition de F définie par C est simplifiante ; on peut donc énoncer :

Pour qu'un élément F de $(\mathcal{F}_o/\mathcal{H}_o)^o$ admette une décomposition simplifiante, il faut et il suffit qu'il existe sur F un cercle essentiel.

On va maintenant caractériser (à l'aide de la complexité) les éléments de $(\mathcal{F}_o/\mathcal{H}_o)^o$ sur lesquels il existe un cercle essentiel.

Lemme 1. Soit $F \in \mathcal{F}_o/\mathcal{H}_o$ et soit $P \in \mathcal{P}(F)$; soient c et c' deux points de F situés de part et d'autre de P. Il existe au moins une composante connexe C de $P \cap F$ telle que c et c' soient dans des composantes connexes distinctes de F - C.

Démonstration. Soit $(C_j)_{j\in J}$ la famille des composantes connexes de $P \cap F$; pour chaque j, $F - C_j$ a deux composantes connexes, dont on note les adhérences $D_{j;o}$ et $D_{j;1}$. Tout chemin continu joignant c à c' dans $\mathbb{R}^3$ rencontre P ; donc tout chemin continu joignant c à c' dans F rencontre $P \cap F$; donc c et c' ne sont pas dans la même composante connexe de $F - (P \cap F)$; le lemme en résulte, si l'on peut montrer la propriété suivante :

Pour toute fonction $k : J \rightarrow \{0 , 1\}$, l'ensemble

$$H = \bigcap_{j \in J} \overset{o}{D}_{j;k(j)}$$

est connexe.

Démontrons cette propriété ; on a :

$$F - H = \bigcup_{j \in J} D_{j;1-k(j)} \quad ;$$

les C_j étant disjoints, deux ensembles $D_{j;k}$ et $D_{j;k'}$ sont ou bien disjoints, ou bien emboités ; il existe donc un sous-ensemble J' de J tel que :

$$F - H = \bigcup_{j \in J'} D_{j;1-k(j)} \quad ,$$

cette réunion étant en plus disjointe ; donc H est le complémentaire d'une réunion disjointe de disques, donc H est connexe.

Lemme 2. Soit $F \in (\mathcal{F}_0/\mathcal{H}_0)^o_{(i,j)}$.

1°) Soient F' et F" les éléments d'une décomposition d'Alexander de F ; on note (i' , j') la complexité de F', (i" , j") celle de F". On a toujours : $(i',j') \leqslant (i,j)$ et $(i'',j'') \leqslant (i,j)$. Si $(i',j') = (i,j)$, alors F" est un élément de $(\mathcal{F}_1/\mathcal{H}_1)^o_{(o,o)}$.

2°) Pour qu'il existe une décomposition d'Alexander de F qui soit simplifiante, il faut et il suffit que $i \geqslant 2$.

Démonstration.

1°) On a : $i' + i'' = i$, donc $i' \leqslant i$ et $i'' \leqslant i$. Supposons $i' = i$; alors $i'' = 0$, donc d'après la remarque 2 ci-dessus, $F'' \in (\mathcal{F}_1/\mathcal{H}_1)^{o}_{(o,o)}$; F'' a une seule singularité, qui est un sommet. Soit alors F'_o un bon arrondi de F' ; par définition de F'_o, F' est l'un des éléments d'une décomposition d'Alexander de F'_o, dont on désignera l'autre élément par F'''. La famille des cercles essentiels de F et celle des cercles essentiels de F'_o coïncident. On peut en plus choisir F'_o de façon que $\widehat{F'''} \subset \widehat{F''}$; pour tout cercle essentiel C de F, le nombre de composantes connexes de $D \cap F$ est alors supérieur ou égal à celui de $D \cap F'_o$, de sorte que la complexité de F est supérieure ou égale à celle de F'_o, laquelle est, par définition, celle de F'.

2°) Il résulte du lemme 1 que la condition $i \geqslant 2$ est suffisante pour l'existence d'un cercle essentiel (donc d'une décomposition simplifiante) ; or elle est évidemment nécessaire.

§ 5. <u>Démonstration de la conjecture de Schönflies différentiable pour</u> S^2.

Le but de ce paragraphe est de démontrer la conjecture de Schönflies différentiable faible pour S^2, c'est à dire la proposition suivante :

<u>Proposition</u> 1. <u>L'application canonique</u> $\mathcal{E}_o/\mathcal{G}_o \to \mathcal{F}_o/\mathcal{H}_o$ <u>est surjective</u>.

On a vu au chapitre I § 3, 4°, que l'image de $\mathcal{E}_o/\mathcal{G}_o$ par cette application est la composante connexe de e dans $\mathcal{F}_o/\mathcal{H}_o$. Comme $(\mathcal{F}_o/\mathcal{H}_o)^o$ est dense dans $\mathcal{F}_o/\mathcal{H}_o$ (chapitre II, proposition 7), il suffit de montrer que l'image de $\mathcal{E}_o/\mathcal{G}_o$ contient $(\mathcal{F}_o/\mathcal{H}_o)^o$; pour les besoins de la démonstration, le résultat qu'on établit est le suivant :

<u>Lemme</u> 3. <u>Pour</u> $k = 0, 1, 2,$ <u>l'image de</u> $\mathcal{E}_k/\mathcal{G}_k$ <u>contient</u> $(\mathcal{F}_k/\mathcal{H}_k)^o$.

La démonstration du lemme 3 utilise un certain nombre de lemmes.

Lemme α. L'image de $\mathcal{E}_1/\mathcal{G}_1$ contient $(\mathcal{F}_1/\mathcal{H}_1)^{o}_{(o,o)}$.

Lemme β. L'image de $\mathcal{E}_o/\mathcal{G}_o$ contient $(\mathcal{F}_o/\mathcal{H}_o)^{o}_{(1,o)}$.

Les lemmes α et β seront démontrés au § 1 du chapitre V.

Lemme γ. Soit $F \in \mathcal{F}_o/\mathcal{H}_o$; soient F' et F'' les éléments associés à une décomposition (F, D) de F. Si deux des trois éléments F, F' et F'' sont dans l'image de l'espace $\mathcal{E}_k/\mathcal{G}_k$ correspondant, il en est de même du troisième. En plus, si (F, D) est du 1er (resp. 2e) type, tout difféomorphisme fidèle de $(\partial M_o, D_o)$ (resp. $(\partial M_o, D_2)$) sur (F, D) peut se prolonger en un difféomorphisme de M_o sur $\hat{F}$ (resp. de M_2 sur $\widehat{F \cup D}$).

Démonstration. Il faut distinguer deux cas :

a. Le cas "additif", c'est à dire celui où les deux éléments pour lesquels l'hypothèse est supposée satisfaite sont contenus dans l'enveloppe du troisième. Dans ce cas (compte tenu du paragraphe 2), le résultat est une conséquence immédiate du théorème d'isotopie locale.

b. Le cas "soustractif", c'est à dire celui où l'enveloppe de l'un des deux éléments pour lesquels l'hypothèse est supposée satisfaite, contient les deux autres éléments. Ce cas se subdivise lui-même :

- si (F, D) est du premier type, on utilise le théorème d'isotopie des plongements de M_1 dans M_o qui induisent l'identité sur $M_1 \cap \partial M_o$;

- si (F, D) est du deuxième type, on utilise suivant le cas l'un des deux théorèmes suivants (analogues à celui utilisé pour le premier type, et qui s'en déduisent à l'aide de la proposition 2 de l'Appendice): "deux plongements de M_o (resp. $\overline{M_2 - M_o}$) dans M_2 qui induisent l'identité sur $M_o \cap \partial M_2$ (resp. D_2) sont isotopes".

Premier lemme de récurrence. Soit $(i\ ,\ j) \geqslant (2\ ,\ 0)$. Si quel que soit $k \in \{0\ ,\ 1\ ,\ 2\}$ l'espace $(\mathcal{F}_k/\mathcal{H}_k)^o_{<(i,j)}$ est contenu dans l'image de $\mathcal{E}_k/\mathcal{G}_k$, alors $(\mathcal{F}_o/\mathcal{H}_o)^o_{(i,j)}$ est dans l'image de $\mathcal{E}_o/\mathcal{G}_o$.

Démonstration. Soit $F \in (\mathcal{F}_o/\mathcal{H}_o)^o_{(i,j)}$; d'après le 2° du lemme 2, il existe une décomposition simplifiante de F ; il suffit donc d'appliquer le lemme γ.

Second lemme de récurrence. Soit $(i,j) \geqslant (0\ ,\ 0)$. Si $(\mathcal{F}_o/\mathcal{H}_o)^o_{(i,j)}$ est dans l'image de $\mathcal{E}_o/\mathcal{G}_o$, alors, pour $k = 1,\ 2$, $(\mathcal{F}_k/\mathcal{H}_k)^o_{(i,j)}$ est dans l'image de $\mathcal{E}_k/\mathcal{G}_k$.

Démonstration. Soit $F \in (\mathcal{F}_k/\mathcal{H}_k)^o_{(o,j)}$ $(k = 1$ ou $2)$. Soit F_o un bon arrondi de F ; il existe une décomposition d'Alexander de F_o en deux éléments dont l'un est F, et dont l'autre élément F' est dans $(\mathcal{F}_1/\mathcal{H}_1)^o_{(o,o)}$; donc d'après le lemme α, F' est dans l'image de $\mathcal{E}_1/\mathcal{G}_1$. La complexité de F_o est $(i\ ,\ j)$, donc F_o est dans l'image de $\mathcal{E}_o/\mathcal{G}_o$; il suffit donc d'appliquer le lemme γ.

Démonstration du lemme 3. La propriété "être dans l'image de l'espace $\mathcal{E}_k/\mathcal{G}_k$ correspondant" est vraie pour $(\mathcal{F}_1/\mathcal{H}_1)^o_{(o,o)}$ d'après le lemme α ; d'après le lemme γ, on en déduit qu'elle est vraie pour $(\mathcal{F}_o/\mathcal{H}_o)^o_{(o,o)}$; on rappelle (cf. § 4, remarque 2) que $(\mathcal{F}_2/\mathcal{H}_2)^o_{(o,o)}$ est vide. D'après le lemme β, la propriété est vraie pour $(\mathcal{F}_o/\mathcal{H}_o)^o_{(1,o)}$; donc d'après le deuxième lemme de récurrence, elle est vraie pour $(\mathcal{F}_k/\mathcal{H}_k)^o_{(1,o)}$ quel que soit $k \in \{0\ ,\ 1\ ,\ 2\}$. D'après le premier lemme de récurrence, la propriété est donc vraie pour $(\mathcal{F}_o/\mathcal{H}_o)^o_{(2,o)}$; on applique ensuite le deuxième lemme de récurrence, puis de nouveau le premier, et ainsi de suite.

Conséquences immédiates de la proposition 1.

Corollaire 1. Soit M une variété (au sens du § 4 de l'Appendice) ; on suppose que l'arrondi de M est difféomorphe à D^3 ; tout plongement fidèle de ∂M dans R^3 peut alors se prolonger en un plongement de M dans R^3.

Démonstration. Le cas particulier où $M = D^3$ n'est autre que la conjecture de Schönflies différentiable forte pour S^2 ; on a vu au chapitre I § 3, qu'elle résultait de la conjecture faible.

Cas général. Soit f un plongement fidèle de ∂M dans R^3, on note F l'image de f ; f peut se prolonger en un plongement d'un voisinage V de M dans M sur un voisinage de ∂F dans $\hat{F}$. Soit M' une arrondie de M telle que $\partial M' \subset V$; M' est difféomorphe à S^3, donc d'après le cas particulier ci-dessus, $f|\partial M'$ peut se prolonger en un difféomorphisme de M' sur $\widehat{f(\partial M')}$; d'après le théorème d'isotopie locale, on peut modifier ce difféomorphisme au voisinage de $\partial M'$ de façon qu'il se raccorde avec $f|\overline{M - M'}$.

Corollaire 2. Soit $F \in \mathcal{F}_0/\mathcal{H}_0$; soit (F , D) une décomposition de F. Si F est du 1er (resp. 2e) type, il existe un difféomorphisme conservant l'orientation de (M_0 , D_0) sur $(\hat{F} , D)$ (resp. de (M_2 , D_2) sur $(\widehat{F \cup D} , D)$).

Ceci est une conséquence immédiate du corollaire 1 et du lemme γ.

Chapitre IV. Espaces fonctionnels liés aux doubles décompositions d'une sphère plongée dans $\mathbb{R}^3$.

§ 1. Classification des doubles décompositions des 2-sphères plongées dans $\mathbb{R}^3$.

On note $\mathcal{D}_2(\mathcal{F}_o/\mathcal{H}_o)$ l'ensemble des triples (F, D, D') tels que (F, D) et (F', D') soient des éléments de $\mathcal{D}(\mathcal{F}_o/\mathcal{H}_o)$, et que $D \cap D' = \emptyset$.

Comme au § 2 du chapitre III, on définit la notion de difféomorphisme (resp. de difféomorphisme conservant l'orientation) d'un élément (F_1, D_1, D_1') de $\mathcal{D}_2(\mathcal{F}_o/\mathcal{H}_o)$ sur un autre élément (F_2, D_2, D_2') ; en particulier, un tel difféomorphisme doit appliquer D_1 sur D_2 et D_1' sur D_2'. Quels que soient les éléments (F_1, D_1, D_1') et (F_2, D_2, D_2') de $\mathcal{D}_2(\mathcal{F}_o/\mathcal{H}_o)$, il existe un difféomorphisme de l'un sur l'autre, conservant l'orientation : car, sur la sphère S^2 deux figures, chacune formée de deux sous-variétés disjointes difféomorphes à S^1, peuvent toujours se transformer l'une dans l'autre par un difféomorphisme conservant l'orientation.

Toujours comme au § 2 du chapitre III, on définit la notion de difféomorphisme fidèle entre deux éléments de $\mathcal{D}_2(\mathcal{F}_o/\mathcal{H}_o)$. On va classifier les éléments de $\mathcal{D}_2(\mathcal{F}_o/\mathcal{H}_o)$ pour la relation "difféomorphisme fidèle, à l'ordre des deux derniers éléments près".
On remarque d'abord que si D_1 et D_1' sont contenus dans $\hat{F}_1$, la condition nécessaire et suffisante pour que (F_2, D_2, D_2') soit fidèlement difféomorphe à (F_1, D_1, D_1')

est que D_2 et D'_2 soient contenus dans $\hat{F}_2$. Supposons maintenant que l'un au moins des disques D_1 et D'_1 soit extérieur à $\hat{F}_1$; alors l'un au moins appartient au bord de $\widehat{F_1 \cup D_1 \cup D'_1}$; supposons que ce soit D_1 ; on voit facilement que la classification est achevée par la considération des deux invariants suivants : D'_1 est ou n'est pas intérieur à $\hat{F}_1$; $\partial D'_1$ est ou n'est pas dans le bord de $\widehat{F_1 \cup D_1}$. On trouve ainsi que $\mathcal{D}_2(\mathcal{F}_o/\mathcal{H}_o)$ se partage en cinq classes pour la relation ci-dessus ; en plus, deux éléments d'une même classe se correspondent (à l'ordre près des deux derniers éléments) dans un difféomorphisme fidèle conservant l'orientation. Mais d'après le corollaire 1 de la proposition 1, du chapitre III, § 5, tout difféomorphisme fidèle de (F_1 , D_1 , D'_1) sur (F_2 , D_2 , D'_2) peut se prolonger en un difféomorphisme de $\widehat{F_1 \cup D_1 \cup D'_1}$ sur $\widehat{F_2 \cup D_2 \cup D'_2}$; on peut donc énoncer :

$\mathcal{D}_2(\mathcal{F}_o/\mathcal{H}_o)$ <u>se partage en cinq classes pour la relation suivante</u> : (F_1 , D_1 , D'_1) <u>et</u> (F_2 , D_2 , D'_2) <u>sont équivalents s'il existe un difféomorphisme conservant l'orientation de</u> $(\widehat{F_1 \cup D_1 \cup D'_1} , F_1 , D_1 , D'_1)$ <u>sur</u> $(\widehat{F_2 \cup D_2 \cup D'_2} , F_2 , D_2 , D'_2)$ <u>ou sur</u> $(\widehat{F_2 \cup D_2 \cup D'_2} , F_2 , D'_2 , D_2)$.

§ 2. <u>Choix des modèles</u> (voir figures 1, 2 et 3).

Les notations M_o , D_o , D_2 sont celles du chapitre III, § 2. On note :

D_1 l'intersection de M_o et de $\left\{z = \frac{1}{2}\right\}$;

D_3 le symétrique de D_2 par rapport au plan $\{z = 0\}$;

D_4 l'adhérence de la partie extérieure à M_o de la sphère de centre $(0 , 0 , 1)$ coupant ∂M_o suivant le cercle $\left\{z = \frac{3}{4}\right\}$;

D_5 l'intersection de M_o et de $\{z = \frac{3}{4}\}$.

On pose :

$$(\partial M_o\ ,\ D_o\ ,\ D_1) = \Delta_1$$

$$(\partial M_o\ ,\ D_o\ ,\ D_2) = \Delta_2$$

$$(\partial M_o\ ,\ D_2\ ,\ D_3) = \Delta_3$$

$$(\partial M_o\ ,\ D_2\ ,\ D_4) = \Delta_4$$

$$(\partial M_o\ ,\ D_2\ ,\ D_5) = \Delta_5\ .$$

Pour $\ell = 1\ ,\ 2\ ,\ 3\ ,\ 4\ ,\ 5$, on note A_ℓ, A'_ℓ, A''_ℓ, dans l'ordre indiqué par la figure 3, les adhérences des composantes connexes bornées du complémentaire dans $\mathbb{R}^3$ du support de Δ_ℓ ; (le support de Δ_ℓ est la réunion des trois parties de $\mathbb{R}^3$ qui composent Δ_ℓ).

Les notations M_o, M_1, M_2 ont été définies au chapitre III, § 2 ; on pose (cf. figure 1) :

$$A'_1 = M_3 \quad ; \quad A_3 \cup A'_3 \cup A''_3 = M_4 \quad ; \quad A_2 \cup A'_2 = M_5\ .$$

On pose d'autre part (cf. figure 2) :

$$(M_o\ ,\ A_1 \cup A'_1\ ,\ A''_1) = \Sigma_o$$

$$(M_2\ ,\ A_2\ ,\ A'_2 \cup A''_2) = \Sigma_1$$

$$(M_1\ ,\ A_1\ ,\ A'_1) = \Sigma_2$$

$$(M_5\ ,\ A_2\ ,\ A'_2) = \Sigma_3$$

$$(M_2\ ,\ A_5 \cup A'_5\ ,\ A''_5) = \Sigma_4$$

$$(M_2\ ,\ A_2 \cup A'_2\ ,\ A''_2) = \Sigma_5$$

$$(M_4 , A_3 \cup A_3' , A_3'') = \Sigma_6$$

$$(M_2 , A_4 , A_4' \cup A_4'') = \Sigma_7 .$$

Pour $\alpha = 1, \ldots, 7$, on note $\Sigma_{-\alpha}$ le triple obtenu en permutant les deux derniers éléments de Σ_α.

Chacune des variétés $A_\ell , A_\ell' , A_\ell''$ est difféomorphe à l'un des modèles M_k ($k \in \{0 , 1, \ldots, 5\}$) ; chacun des triples $(A_\ell \cup A_\ell' , A_\ell , A_\ell')$, $(A_\ell \cup A_\ell' \cup A_\ell'' , A_\ell \cup A_\ell' , A_\ell'')$, $(A_\ell' \cup A_\ell'' , A_\ell' , A_\ell'')$, $(A_\ell \cup A_\ell' \cup A_\ell'' , A_\ell , A_\ell' \cup A_\ell'')$ est difféomorphe à l'un des modèles Σ_α ($\alpha \in \{-7, \ldots, +7\}$). Le théorème de classification du paragraphe précédent peut maintenant s'interpréter comme suit :

<u>Proposition</u> 1. <u>Soit</u> (F , D , D') <u>un élément de</u> $\mathcal{D}_2(\mathcal{F}_0/\mathcal{H}_0)$; <u>soient</u> (A , A' , A'') <u>les adhérences des composantes connexes bornées de</u> $\mathbb{R}^3 - (F \cup D \cup D')$, <u>prises dans un ordre convenable. Il existe</u> $\ell \in \{1, \ldots, 5\}$, <u>et un difféomorphisme conservant l'orientation, de</u> $(A_\ell \cup A_\ell' \cup A_\ell'' , A_\ell , A_\ell' , A_\ell'')$ <u>sur</u> $(A \cup A' \cup A'' , A , A' , A'')$.

<u>Chacune des variétés</u> A , A' , A'' <u>est difféomorphe (avec conservation de l'orientation) à l'un des modèles</u> M_k ($k \in \{0 , 1 , \ldots , 5\}$).

<u>Chacun des triples</u> $(A \cup A' , A , A')$, $(A \cup A' \cup A'' , A \cup A' , A'')$, $(A' \cup A'' , A' , A'')$, $(A \cup A' \cup A'' , A , A' \cup A'')$ <u>est difféomorphe (avec conservation de l'orientation) à l'un des modèles</u> Σ_α ($\alpha \in \{-7, \ldots, 7\}$).

<u>Remarque</u>. On peut définir les ensembles $\mathcal{D}(\mathcal{F}_k/\mathcal{H}_k)$ pour $k = 1, 2$; la définition est analogue à celle de $\mathcal{D}(\mathcal{F}_0/\mathcal{H}_0)$, à ceci près qu'il faut rajouter la condition : D ne doit pas rencontrer l'arête de F. Avec cette définition, on voit que le système (Σ_α)

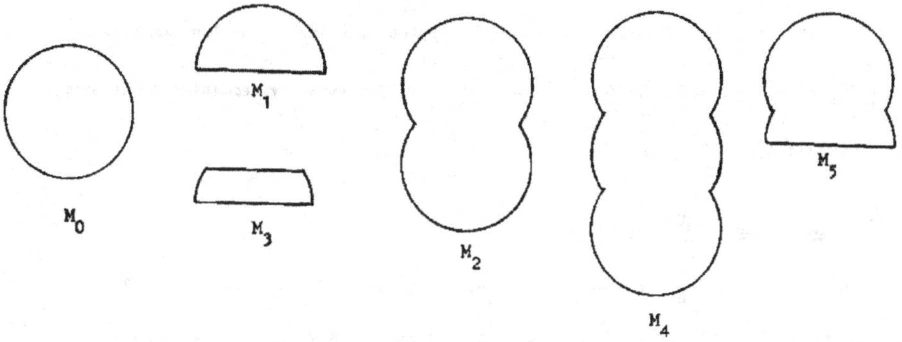

Figure 1 : Modèles

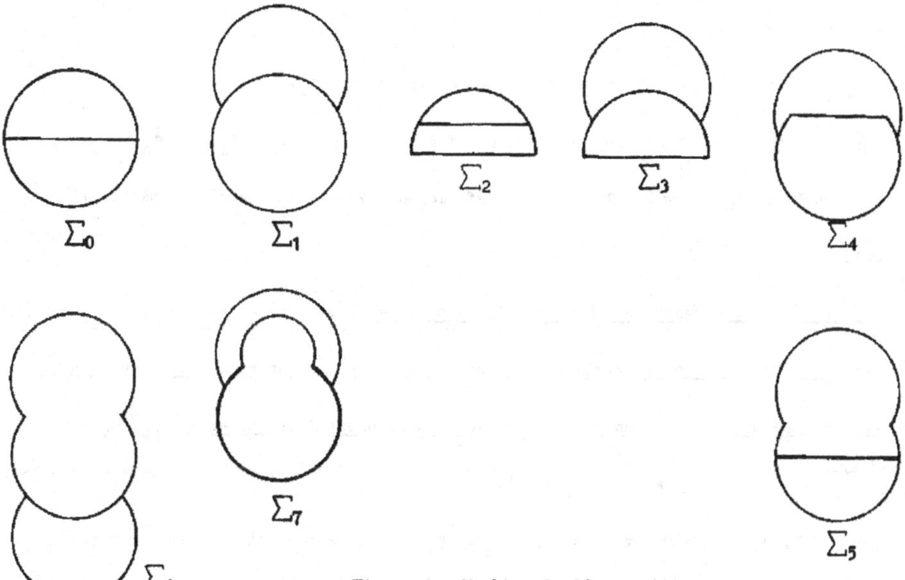

Figure 2 : Modèles de décomposition

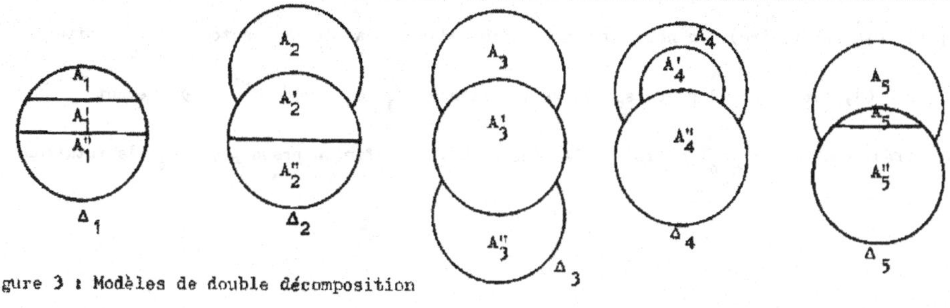

Figure 3 : Modèles de double décomposition

(pour $\alpha \in \{0, 1, \ldots, 7\}$ définit un système complet de modèles pour les éléments de $\mathcal{D}(\mathcal{F}_k/\mathcal{H}_k)$, avec $k = 0, 1, 2$; ($\sum_\alpha$ et $\sum_{-\alpha}$ définissent évidemment le même modèle de décomposition).

§ 3. Les espaces $\tilde{\mathcal{G}}_k$ et $\mathcal{R}_k$.

Pour une variété M_k, compacte, connexe, de dimension 3, on a défini au § 1 du chapitre III, les espaces $\mathcal{E}_k$, $\mathcal{G}_k$, $\mathcal{F}_k$, $\mathcal{H}_k$, $\mathcal{E}_k/\mathcal{G}_k$, $\mathcal{F}_k/\mathcal{H}_k$. On note en plus :

$\tilde{\mathcal{G}}_k$ le groupe des difféomorphismes de M_k conservant l'orientation et les relations d'incidence ;

$\mathcal{G}_{k;e}$ la composante connexe de l'élément neutre dans $\mathcal{G}_k$.

$\tilde{\mathcal{G}}_k$ et $\mathcal{G}_{k;e}$ sont des sous-groupes distingués de $\mathcal{G}_k$, et $\mathcal{G}_{k;e} \subset \tilde{\mathcal{G}}_k$.

Les modèles M_k $(k = 0, 1, \ldots, 5)$ définis au § 2 ont les propriétés particulières suivantes :

Propriété 1. L'arrondie de M_k est difféomorphe à D^3.

Propriété 2. Ou bien il existe un élément s_k de $\mathcal{G}_k$, d'ordre 2, tel que le sous-groupe engendré par s_k (qu'on note $\mathcal{S}_k$) soit canoniquement isomorphe à $\mathcal{G}_k/\tilde{\mathcal{G}}_k$; ou bien $\tilde{\mathcal{G}}_k = \mathcal{G}_k$, on pose alors $\mathcal{S}_k = \{e\}$.

En effet, pour $k = 0$ et $k = 5$, $\tilde{\mathcal{G}}_k = \mathcal{G}_k$. Pour $k = 1$ et $k = 2$, on prend pour s_k un difféomorphisme de M_k conservant l'orientation et échangeant les faces (et à part cela arbitraire). On note ρ la rotation d'angle π de M_0 autour de la droite $\{y = z = 0\}$, et on prend pour s_3 la restriction à M_3 de $\rho \circ \mathfrak{M}^{-1}$ ($\mathfrak{M}$ étant le difféomorphisme de M_0 défini ci-dessous au § 7). Enfin on prend pour s_4 la rotation d'angle π de M_4 autour de la droite $\{y = z = 0\}$.

Propriété 3. L'application canonique :

$$\pi_o(\mathrm{Diff}(M_k ; J^{\infty}_{\partial M_k})) \longrightarrow \pi_o(\tilde{\mathfrak{G}}_k)$$

est un isomorphisme.

En effet, le cas particulier de la proposition 1 de l'Appendice donne un isomorphisme :

(1) $$\pi_o(\mathrm{Diff}(M_k ; J^{\infty}_{\partial M_k})) \xrightarrow{\simeq} \pi_o(\mathrm{Diff}(M_k ; \partial M_k)) \quad ;$$

soit d'autre part $\tilde{\mathcal{K}}_k$ le groupe des difféomorphismes de ∂M_k conservant l'orientation et les relations d'incidence ; $\tilde{\mathfrak{G}}_k$ est fibré sur $\tilde{\mathcal{K}}_k$, de fibre $\mathrm{Diff}(M_k ; \partial M_k)$, de sorte qu'on a une suite exacte :

$$\dots \pi_1(\tilde{\mathfrak{G}}_k) \to \pi_1(\tilde{\mathcal{K}}_k) \to \pi_o(\mathrm{Diff}(M_k ; \partial M_k)) \to \pi_o(\tilde{\mathfrak{G}}_k) \to \pi_o(\tilde{\mathcal{K}}_k) \to 0 \ ;$$

on montre sans difficulté à l'aide du théorème 4 de l'Appendice, et de son corollaire 2, que :

$$\pi_o(\tilde{\mathcal{K}}_k) = 0 \quad \text{pour tout } k \quad ;$$

et que :

$$\pi_1(\tilde{\mathcal{K}}_k) \simeq \begin{cases} 0 & \text{pour } k = 0 \\ \mathbb{Z} & \text{pour } k = 1, \dots, 5 . \end{cases}$$

Dans ce dernier cas, un générateur de $\pi_1(\tilde{\mathcal{K}}_k)$ est donné par la rotation d'angle 2π autour de la droite Oz, de sorte que, dans tous les cas, l'homomorphisme $\pi_1(\tilde{\mathfrak{G}}_k) \longrightarrow \pi_1(\tilde{\mathcal{K}}_k)$ est surjectif. L'homomorphisme $\pi_o(\mathrm{Diff}(M_k ; \partial M_k)) \to \pi_o(\tilde{\mathfrak{G}}_k)$ est donc bijectif, ce qui, compte tenu de (1), achève la vérification de la propriété 3.

Une conséquence immédiate de la propriété 3 est la suivante :

<u>Les groupes</u> $\pi_0(\tilde{\mathcal{G}}_k)$ (<u>pour</u> $k = 0, 1, \ldots, 5$) <u>sont canoniquement isomorphes au groupe</u> $\pi_0(\mathrm{Diff}(D^3 ; J^\infty_{S^2}))$.

En effet, d'après [2] (p. 336, corollaire 3), il existe, du seul fait que M_k est compacte, connexe, et de dimension 3, un homomorphisme canonique

$$\pi_0(\mathrm{Diff}(D^3 ; J^\infty_{S^2})) \longrightarrow \pi_0(\mathrm{Diff}(M_k ; J^\infty_{\partial M_k})) ;$$

d'après la proposition 2 de l'Appendice, la propriété 1 entraine que cet homomorphisme est un isomorphisme ; il reste à composer cet isomorphisme avec celui de la propriété 3.

<u>Lemme</u> 1. <u>Soit</u> M_k <u>une variété vérifiant les propriétés</u> 1, 2, 3 <u>ci-dessus</u>. <u>Le groupe</u> $\mathcal{G}_{k;e}\cdot\mathcal{S}_k$ <u>est un sous-groupe distingué de</u> $\mathcal{G}_k$; <u>le groupe quotient</u> $\mathcal{G}_k/(\mathcal{G}_{k;e}\cdot\mathcal{S}_k)$ <u>est abélien et canoniquement isomorphe à</u> $\pi_0(\tilde{\mathcal{G}}_k)$ (<u>et par conséquent à</u> $\pi_0(\mathrm{Diff}(D^3 ; J^\infty_{S^2}))$).

<u>Démonstration</u>. Le lemme est une conséquence immédiate de la propriété suivante : "<u>sous les hypothèses ci-dessus, le commutateur</u> $gg'g^{-1}g'^{-1}$ <u>de deux éléments quelconques de</u> $\mathcal{G}_k$ <u>est dans la composante connexe de l'élément neutre</u>". On a vu au § 1 du chapitre I (lemme 1), que cette propriété est vraie pour le groupe $\mathrm{Diff}\ S^n$ (quel que soit n) ; on montre exactement de la même façon qu'elle est vraie quel que soit n pour le groupe $\mathrm{Diff}(D^n ; J^\infty_{S^{n-1}})$; pour la démontrer dans le cas du groupe $\mathcal{G}_k$, on procède en deux temps (le second temps est inutile lorsque $\tilde{\mathcal{G}}_k = \mathcal{G}_k$, c'est à dire pour $k = 0$ ou 5).

a. <u>On suppose que l'un des éléments</u> g, g', <u>par exemple</u> g, <u>est dans</u> $\tilde{\mathcal{G}}_k$. Il suffit de montrer qu'il existe g^* isotope à g, tel que $g^*g'g^{*-1}g'^{-1}$ soit dans $\mathcal{G}_{k;e}$. D'après la propriété 3, on peut choisir g^* de manière qu'il soit dans $\mathrm{Diff}(M ; J^\infty_{\partial M})$. Soit V une variété difféomorphe à D^3 ; identifions M_k à une sous-variété de $V - \partial V$; soit $\bar{g}^*$ le difféomorphisme de V obtenu en prolongeant g^* par l'identité ; d'après le théorème d'isotopie pour les plongements des disques, généralisé au cas des variétés telles que M_k (cf. § 4 de l'Appendice), il existe un difféomorphisme $\bar{g}'$ de V prolongeant g' ; le difféomorphisme $\bar{g}^*\bar{g}'\bar{g}^{*-1}\bar{g}'^{-1}$ de V induit l'identité sur $\overline{V - M}$; puisque V est difféomorphe à D^3, il en résulte que $\bar{g}^*\bar{g}'\bar{g}^{*-1}\bar{g}'^{-1}$ est dans la composante connexe de e dans $\mathrm{Diff}(V \; ; \; J^{\infty}_{\partial V})$; donc, d'après la proposition 2 de l'Appendice, $g^* g' g^{*-1} g'^{-1}$ est dans $\mathcal{G}_{k;e}$.

b. <u>On suppose que ni</u> g, <u>ni</u> g' <u>ne sont dans</u> $\tilde{\mathcal{G}}_k$. Il existe alors, d'après la propriété 2, h et h' dans $\tilde{\mathcal{G}}_k$ tels que $g = h.s_k$ et $g' = h.s_k$. On peut écrire :

$$gg'g^{-1}g'^{-1} = (hg')(s_k^{-1}\, h'^{-1}\, s_k h')(hg')^{-1}(hg'h^{-1}g'^{-1}) \quad ;$$

donc $gg'g^{-1}g'^{-1} \in \mathcal{G}_{k;e}$.

<u>Définition des espaces</u> $\mathcal{R}_k$. Pour $k = 0, 1, \ldots, 5$, on pose :

$$\mathcal{E}_k/(\mathcal{G}_{k;e}.\,\mathcal{S}_k) = \mathcal{R}_k \quad ;$$

$\mathcal{R}_k$ est un <u>revêtement surjectif de</u> $\mathcal{E}_k/\mathcal{G}_k$. D'après le lemme 1, $\mathcal{R}_k$ <u>est muni naturellement d'une structure d'espace fibré principal, de base</u> $\mathcal{E}_k/\mathcal{G}_k$, <u>de fibre le groupe abélien discret</u> $\pi_o(\mathrm{Diff}(D^3 \; ; \; J^{\infty}_{S^2}))$.

Précisons comment sont définies les opérations de $\pi_o(\mathrm{Diff}(D^3 \; ; \; J^{\infty}_{S^2}))$ dans $\mathcal{R}_k$. Soit $a \in \mathcal{R}_k$ et soit $\sigma \in \pi_o(\mathrm{Diff}(D^3 \; ; \; J^{\infty}_{S^2}))$; on choisit arbitrairement un représentant φ de a, un représentant g de σ, et un plongement ψ, d'orientation positive, de D^3 dans l'intérieur de M_k ; $\psi \circ g \circ \psi^{-1}$ est alors un difféomorphisme de $\psi(D^3)$, qui se prolonge (par l'identité sur $M - \psi(D^3)$) en un difféomorphisme de M_k qu'on note g_ψ ; $\varphi \circ g_\psi$ est un représentant de l'élément $a.\sigma$ de $\mathcal{R}_k$.

§ 4. Les espaces $\mathfrak{E}$, $\mathfrak{R}$, $\mathfrak{E}/\mathfrak{G}$, $\mathfrak{W}_\alpha$, $\mathfrak{W}$. L'addition dans $\mathfrak{E}/\mathfrak{G}$.

On note $\mathfrak{E}$ (resp. $\mathfrak{R}$, resp. $\mathfrak{E}/\mathfrak{G}$) l'espace somme topologique des espaces $\mathcal{E}_k$ (resp. $\mathcal{R}_k$, resp. $\mathcal{E}_k/\mathcal{G}_k$) pour $k = 0, 1, \ldots, 5$. L'espace $\mathfrak{R}$ est un revêtement surjectif de $\mathfrak{E}/\mathfrak{G}$; c'est aussi d'après la fin du § 3, un espace fibré principal de base $\mathfrak{E}/\mathfrak{G}$, de fibre $\pi_0(\mathrm{Diff}(D^3 \, ; J^\infty_{S^2}))$.

Pour tout modèle $\sum_\alpha$ ($\alpha \in \{-7, \ldots, 7\}$) on note $\mathfrak{W}_\alpha$ la partie de $(\mathfrak{E}/\mathfrak{G}) \times (\mathfrak{E}/\mathfrak{G})$ formée des couples (A , A') tels qu'il existe un difféomorphisme conservant l'orientation de $\sum_\alpha$ sur le triple $(A \cup A' , A , A')$. Les ensembles $\mathfrak{W}_\alpha$ sont disjoints. Pour tout α, les ensembles $\mathfrak{W}_\alpha$ et $\mathfrak{W}_{-\alpha}$ sont symétriques l'un de l'autre (i. e. ils correspondent l'un à l'autre par la symétrie de $(\mathfrak{E}/\mathfrak{G}) \times (\mathfrak{E}/\mathfrak{G})$). On note :

$$\bigcup_{\alpha \in \{-7,\ldots,7\}} \mathfrak{W}_\alpha = \mathfrak{W} .$$

D'après ce qui précède l'ensemble $\mathfrak{W}$ est symétrique ; il en est de même de l'ensemble $\mathfrak{W}_0$.

L'addition dans $\mathfrak{E}/\mathfrak{G}$. Pour $(A , A') \in \mathfrak{W}$, on définit la somme de A et A' en posant :

$$A + A' = A \cup A' \quad ;$$

l'opération ainsi définie sur $\mathfrak{W}$ a les propriétés suivantes :

- elle est commutative ;

- elle est associative au sens suivant : pour tout (A , A' , A'') tel que $(A + A') + A''$ et $A + (A' + A'')$ existent, ils sont égaux ;

- elle est régulière (i. e. $A + B = A + B'$ entraîne $B = B'$) ; ceci permet de définir (sur une partie convenable de $(\mathfrak{E}/\mathfrak{G}) \times (\mathfrak{E}/\mathfrak{G})$) une différence ; la différence de C et A, lorsqu'elle existe, est notée C − A ; on prendra garde que l'ensemble correspondant à C − A n'est pas l'ensemble différence de ceux qui correspondent à C et A, mais l'adhérence de celui-ci.

- elle est continue sur $\mathcal{W}$.

§ 3. Définition et premières propriétés d'une addition dans $\mathfrak{R}$.

Dans ce paragraphe, on va définir un relèvement dans $\mathfrak{R}$ de l'addition ci-dessus ; ce sera une opération définie sur la partie $\mathcal{V}$ de $\mathfrak{R} \times \mathfrak{R}$ située au-dessus de $\mathcal{W}$. L'ensemble $\mathcal{W}$ étant réunion disjointe des ensembles $\mathcal{W}_\alpha$, $\mathcal{V}$ est réunion disjointe des ensembles correspondants $\mathcal{V}_\alpha$; on définit l'addition séparément sur chacun de ces ensembles $\mathcal{V}_\alpha$.

Soit $\alpha \in \{-7 , \dots, 7\}$; soient $M_{j(\alpha)}$, $M_{i(\alpha)}$, $M_{i'(\alpha)}$ les modèles respectifs des trois éléments de $\sum_\alpha$; on désigne les deux derniers éléments de $\sum_\alpha$ respectivement par A_α et A'_α. On note N_α l'intersection de A_α et de A'_α. On choisit deux plongements conservant l'orientation :

$$\varphi_\alpha : M_{i(\alpha)} \to M_{j(\alpha)} \text{, d'image } A_\alpha \quad ;$$

$$\varphi'_\alpha : M_{i'(\alpha)} \to M_{j(\alpha)} \text{, d'image } A'_\alpha \quad .$$

On note $\mathcal{U}_{\varphi_\alpha , \varphi'_\alpha}$ la partie de $\mathcal{E}_{i(\alpha)} \times \mathcal{E}_{i'(\alpha)}$ formée des couples (φ , φ') tels que le diagramme :

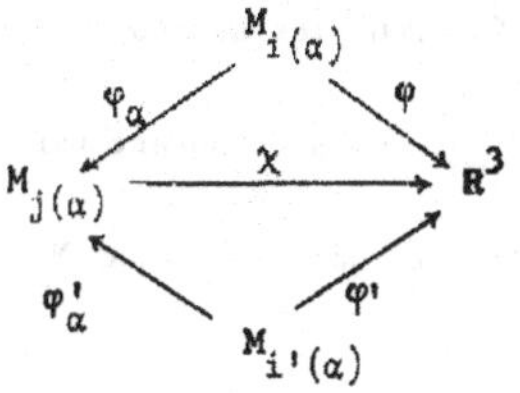

soit commutatif. Puisque :

$$M_{j(\alpha)} = A_\alpha \cup A'_\alpha \quad ,$$

χ est <u>unique</u>, et l'image de χ dans R^3 est la réunion des images de φ et φ'. On pose :

$$\chi = \varphi \smile_{\varphi_\alpha, \varphi'_\alpha} \varphi' \quad ;$$

si on note A, A', B les projections respectives de φ, φ', χ dans $\mathfrak{G}/\mathfrak{G}$, on a :

(2) $$B = A + A' .$$

<u>La projection de</u> $\mathcal{U}_{\varphi_\alpha, \varphi'_\alpha}$ <u>sur</u> $(\mathfrak{C}/\mathfrak{G}) \times (\mathfrak{C}/\mathfrak{G})$ <u>est</u> W_α : car pour tout $(A, A') \in W_\alpha$ il existe par définition un difféomorphisme χ, conservant l'orientation, de $M_{j(\alpha)}$ sur $A \cup A'$, qui envoie A_α sur A et A'_α sur A' ; le couple $(\chi \circ \varphi_\alpha , \chi \circ \varphi'_\alpha)$ est un élément de $\mathcal{U}_{\varphi_\alpha, \varphi'_\alpha}$ situé au-dessus de (A, A').

<u>Lemme</u> 2. <u>Soient</u> (φ, φ') et (ψ, ψ') <u>deux éléments de</u> $\mathcal{U}_{\varphi_\alpha,\varphi'_\alpha}$ <u>ayant même projection dans</u> $\mathfrak{R} \times \mathfrak{R}$; $\varphi \smile_{\varphi_\alpha,\varphi'_\alpha} \varphi'$ <u>et</u> $\psi \smile_{\varphi_\alpha,\varphi'_\alpha} \psi'$ <u>ont même projection dans</u> $\mathfrak{R}$.

La démonstration du lemme 2 repose sur deux propriétés des modèles $\sum_\alpha$, et sur un lemme préliminaire relatif aux espaces fibrés.

<u>Propriété</u> I. <u>Pour tout</u> $\alpha \in \{-7, \dots, 7\}$, <u>tout difféomorphisme de</u> A_α <u>(resp.</u> A'_α<u>) qui laisse stable</u> N_α <u>conserve les relations d'incidence</u>.

<u>Vérification</u>. On se borne à la partie de la condition portant sur A_α ; elle est trivialement vérifiée pour $i(\alpha) = 0$ ou 5. Pour les autres valeurs de $i(\alpha)$, soient $F_{\alpha;0}$ et $F_{\alpha;1}$ les deux faces de $M_{i(\alpha),j(\alpha)}$ qui s'échangent par $\varphi_\alpha \circ s_{i(\alpha)} \circ \varphi_\alpha^{-1}$; on constate qu'il existe toujours $h \in \{0, 1\}$ tel que : ou bien $N_\alpha \subset F_{\alpha;h}$; ou bien

$F_{\alpha;h} \subset N_\alpha$ et $F_{\alpha;1-h} \not\subset N_\alpha$.

Propriété II. Pour tout $\alpha \in \{-7, \ldots, 7\}$, les homomorphismes :

$$\pi_1(\tilde{\mathfrak{S}}_{i(\alpha)}) \to \pi_1(\mathrm{Diff}\ N_\alpha)$$

$$\pi_1(\tilde{\mathfrak{S}}_{i'(\alpha)}) \to \pi_1(\mathrm{Diff}\ N_\alpha)$$

respectivement définis par φ_α et φ'_α sont surjectifs.

En effet, il résulte facilement du théorème 4 de l'Appendice que, pour tout α, $\pi_1(\mathrm{Diff}\ N_\alpha) \approx \mathbf{Z}$, la rotation d'angle 2π autour de Oz étant un générateur.

Lemme préliminaire. Soit $p : E \to B$ une fibration localement triviale ; soit $(a\ ,\ b)$ un couple de points de E situés dans la même composante connexe par arcs. Si l'application : $\pi_1(E\ ;\ a) \to \pi_1(B\ ;\ p(a))$ définie par p est surjective, alors quel que soit le chemin γ, continu dans B, d'origine $p(a)$ et d'extrémité $p(b)$, il existe un relèvement δ de γ, continu dans E, d'origine a et d'extrémité b.

Démonstration du lemme 2. Dans le cours de cette démonstration, on utilise les notations simplifiées i, i', j au lieu de $i(\alpha)$, $i'(\alpha)$, $j(\alpha)$.

D'après la définition de $\mathcal{R}$, il existe $g \in \mathfrak{G}_{i;e} \cdot \mathfrak{S}_i$ tel que $\psi = \varphi \circ g$. Nécessairement g doit laisser stable N_{φ_α} ; donc, d'après la propriété I, g appartient à $\tilde{\mathfrak{G}}_i$; donc :

(3) $$g \in \mathfrak{G}_{i;e}\ .$$

De même, il existe $g' \in \mathfrak{G}_{i';e}$ tel que $\psi' = \varphi' \circ g'$. On note g'' l'élément de $\mathfrak{G}_j$ qui vérifie :

$$\psi \smile_{\varphi_\alpha,\varphi'_\alpha} \psi' = (\varphi \smile_{\varphi_\alpha,\varphi'_\alpha} \varphi') \circ g'' \quad ;$$

g" est un élément du sous-groupe de $\tilde{\mathfrak{G}}_j$ formé des difféomorphismes qui laissent stable N_α (et par conséquent A_α et A'_α) ; on désignera ce groupe par $\tilde{\mathfrak{G}}(\alpha)$. Précisons les difféomorphismes induits par g" sur A_α et A'_α :

$$g'' = \begin{cases} \varphi_\alpha \circ g \circ \varphi_\alpha^{-1} & \text{sur } A_\alpha \\ \varphi'_\alpha \circ g' \circ \varphi_\alpha^{-1} & \text{sur } A'_\alpha . \end{cases}$$

Considérons le diagramme commutatif suivant :

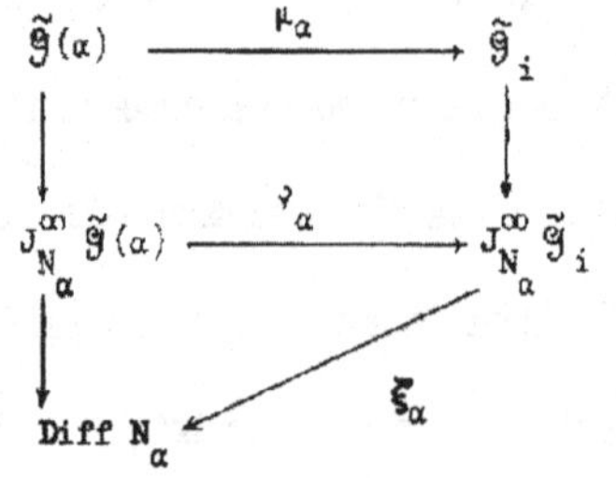

Dans ce diagramme, l'application μ_α est définie par

$$\mu_\alpha(\tilde{g}) = \varphi_\alpha \circ (\tilde{g}|A) \circ \varphi_\alpha^{-1} \quad \text{pour tout } \tilde{g} \in \tilde{\mathfrak{G}}(\alpha) \ ;$$

l'application ϑ_α est un homéomorphisme de $J^\infty_{N_\alpha} \tilde{\mathfrak{G}}(\alpha)$ sur une partie de $J^\infty_{N_\alpha} \tilde{\mathfrak{G}}_i$; les applications ξ_α et $\xi_\alpha \circ \vartheta_\alpha$ sont des fibrations dont les fibres respectives sont contractiles, il en résulte notamment :

(4) $$\pi_1(J^\infty_{N_\alpha} \tilde{\mathfrak{G}}_i \, , \, \vartheta_\alpha(J^\infty_{N_\alpha} \tilde{\mathfrak{G}}(\alpha))) = 0 \ ;$$

(5) l'application canonique : $\pi_1(J^\infty_{N_\alpha} \tilde{\mathfrak{G}}(\alpha)) \longrightarrow \pi_1(\text{Diff } N_\alpha)$ est un isomorphisme.

Soit J" (resp. J) l'image de g" dans $J^\infty_{N_\alpha} \tilde{\mathfrak{G}}(\alpha)$ (resp. dans $J^\infty_{N_\alpha} \tilde{\mathfrak{G}}_i$).

D'après (3), J peut être joint au jet e de l'élément neutre par un chemin continu de $J^\infty_{N_\alpha} \tilde{\mathfrak{G}}_i$; donc, d'après (4), il existe un tel chemin, noté γ, qui soit dans l'image de

ϑ_α ; γ est alors l'image par ϑ_α d'un chemin, noté γ'', joignant e à J'' dans $J^\infty_{N_\alpha} \tilde{\mathfrak{G}}(\alpha)$. D'après (5) et la propriété II, la fibration : $\tilde{\mathfrak{G}}_i \to J^\infty_{N_\alpha} \tilde{\mathfrak{G}}_i$ vérifie les conditions du lemme préliminaire. Il résulte donc de ce lemme que le chemin γ peut se relever en un chemin δ, continu dans $\tilde{\mathfrak{G}}_i$, d'origine e et d'extrémité $\varphi_\alpha \circ g \circ \varphi_\alpha^{-1}$.

Ce qui précède peut se répéter en remplaçant i par i', φ par φ', ψ par ψ', etc. On note γ' l'image de γ'' dans $J^\infty_{N_\alpha} \tilde{\mathfrak{G}}_{i'}$; on obtient un relèvement δ' de γ', continu dans $\tilde{\mathfrak{G}}_{i'}$, d'origine e et d'extrémité $\varphi'_\alpha \circ g' \circ \varphi'^{-1}_\alpha$. Le couple (δ , δ') définit un chemin continu dans $\tilde{\mathfrak{G}}(\alpha)$, joignant g'' à e ; et ceci achève la démonstration du lemme 2.

Le lemme 2 montre que l'opération $\smile_{\varphi_\alpha,\varphi'_\alpha}$ est compatible avec la projection $\mathcal{E} \to \mathcal{R}$; elle passe donc au quotient, et définit sur une partie de $\mathcal{R} \times \mathcal{R}$ (qui est la projection de $\mathcal{U}_{\varphi_\alpha,\varphi'_\alpha}$) une opération, à valeurs dans $\mathcal{R}$, qu'on note $+_{\varphi_\alpha,\varphi'_\alpha}$. On va en premier lieu étudier le comportement de cette opération vis-à-vis des opérations de $\pi_o(\mathrm{Diff}(D^3 ; J^\infty_{S^2}))$ dans l'espace principal $\mathcal{R}$. Soit (a , a') tel que $a +_{\varphi_\alpha,\varphi'_\alpha} a'$ existe, et soit (φ , φ') un élément de $\mathcal{U}_{\varphi_\alpha,\varphi'_\alpha}$ situé au-dessus de (a , a'). Soit $\sigma \in \pi_o(\mathrm{Diff}(D^3 ; J^\infty_{S^2}))$ et soit g un représentant de σ ; soit ψ un plongement d'orientation positive de D^3 dans l'intérieur de $M_{i(\alpha)}$. La notation g_ψ étant celle définie à la fin du § 3, $(\varphi \circ g_\psi , \varphi')$ est encore un élément de $\mathcal{U}_{\varphi_\alpha,\varphi'_\alpha}$, et on a :

$$(6) \qquad (\varphi \circ g_\psi) \smile_{\varphi_\alpha,\varphi'_\alpha} \varphi' = (\varphi \smile_{\varphi_\alpha,\varphi'_\alpha} \varphi') \circ g_{\varphi_\alpha \circ \psi} .$$

De ceci il résulte en particulier que la partie de $\mathcal{R} \times \mathcal{R}$ sur laquelle est définie l'opération $+_{\varphi_\alpha,\varphi'_\alpha}$ est <u>saturée</u> pour les opérations du groupe

$$\pi_o(\mathrm{Diff}(D^3 \; ; J^\infty_{S^2})) \times \pi_o(\mathrm{Diff}(D^3 \; ; J^\infty_{S^2})) \quad ;$$

or la projection de cette partie sur $(\mathfrak{G}/\mathfrak{G}) \times (\mathfrak{G}/\mathfrak{G})$ coïncide avec celle de $\mathfrak{U}_{\varphi_\alpha, \varphi'_\alpha}$, c'est à dire $\mathcal{W}_\alpha$; donc l'opération $+_{\varphi_\alpha, \varphi'_\alpha}$ est définie sur l'image réciproque $\mathcal{V}_\alpha$ de $\mathcal{W}_\alpha$ par la projection de $\mathfrak{R} \times \mathfrak{R}$ sur $(\mathfrak{G}/\mathfrak{G}) \times (\mathfrak{G}/\mathfrak{G})$; en plus on a d'après la formule (6) :

$$(a.\sigma) +_{\varphi_\alpha, \varphi'_\alpha} a' = a +_{\varphi_\alpha, \varphi'_\alpha} (a' . \sigma) = (a +_{\varphi_\alpha, \varphi'_\alpha} a').\sigma$$

pour tout $(a , a') \in \mathcal{V}_\alpha$ et tout $\sigma \in \pi_o(\mathrm{Diff}(D^3 \; ; J^\infty_{S^2}))$.

Soit Φ un système de couples de difféomorphismes $(\varphi_\alpha , \varphi'_\alpha)$ (pour $\alpha \in \{-7 ,..., 7\}$). On appelle addition associée à Φ et on note $+_\Phi$ l'opération définie sur $\mathcal{V}$ de la façon suivante : si $(a , a') \in \mathcal{V}_\alpha$, on pose : $a +_{\varphi_\alpha, \varphi'_\alpha} a' = a +_\Phi a'$. On verra au paragraphe suivant que pour un choix convenable du système Φ, cette "addition" est bien commutative. Il résulte de ce qui précède que, pour tout système Φ, l'addition $+_\Phi$ a les propriétés suivantes :

(i) La projection $\mathfrak{R} \to \mathfrak{G}/\mathfrak{G}$ est additive ; de façon plus précise, soient a et a' deux éléments de $\mathfrak{R}$, soient A et A' leurs projections respectives dans $\mathfrak{G}/\mathfrak{G}$; pour que $a +_\Phi a'$ existe, il faut et il suffit que $A + A'$ existe ; $A + A'$ est alors la projection de $a +_\Phi a'$.

(ii) Si $a +_\Phi a'$ existe, alors $(a.\sigma) +_\Phi a'$ et $a +_\Phi (a'.\sigma)$ existent pour tout $\sigma \in \pi_o(\mathrm{Diff}(D^3 \; ; J^\infty_{S^2}))$, et on a :

(7) $$(a.\sigma) +_\Phi a' = a +_\Phi (a'.\sigma) = (a +_\Phi a').\sigma \; .$$

(iii) L'opération $+_\Phi$ est régulière, autrement dit : $a +_\Phi b = a +_\Phi b'$ entraîne

$a = a'$. En plus, <u>pour qu'il existe</u> a (<u>resp.</u> b) <u>tel que</u> $a + b = c$, <u>il faut et il suffit que</u> $C - B$ (<u>resp.</u> $C - A$) <u>existe</u> ; (A, B, C désignent les projections respectives de a, b, c dans $\mathfrak{C}/\mathfrak{G}$).

(En effet, $a +_\Phi b = a +_\Phi b'$ entraîne d'après (i) : $A + B = A + B'$; donc, d'après la régularité de l'addition dans $\mathfrak{C}/\mathfrak{G}$, $B = B'$; donc il existe $\sigma \in \pi_0(\mathrm{Diff}(D^3 ; J^\infty_{S^2}))$ tel que $b' = b \circ \sigma$; d'après (ii), il en résulte : $a +_\Phi b = (a +_\Phi b) \circ \sigma$; donc $\sigma = e$, donc $b = b'$.

Supposons d'autre part que $C - B$ existe, et posons : $C - B = A$; soit a' au-dessus de A ; puisque $A + B = C$, il résulte de (i) que $a' + b$ est au-dessus de C, donc de la forme $c \circ \sigma$; donc d'après (ii) on a $(a' \circ \sigma^{-1}) + b' = c$).

(iv) L'opération $+_\Phi$ est <u>continue</u> sur W.

(En effet, elle a été obtenue par passage au quotient à partir des applications continues $\smile_{\varphi_\alpha, \varphi'_\alpha}$).

§ 6. <u>Condition de commutativité d'une addition dans</u> $\mathcal{R}$.

On va maintenant particulariser le système Φ comme suit ; soit ρ la rotation d'angle π de M_0 autour de la droite $\{y = z = 0\}$. On choisit :

$$(8) \qquad \begin{cases} \varphi_0 = \text{injection de } M_1 \text{ dans } M_0 \ ; \\ \varphi'_0 = \rho \circ \varphi_0 \ . \end{cases}$$

D'autre part, on suppose que, pour tout $\alpha \neq 0$, on a :

$$(9) \qquad (\varphi_{-\alpha}, \varphi'_{-\alpha}) = (\varphi'_\alpha, \varphi_\alpha) \ .$$

On va montrer que, pour tout système Φ vérifiant les conditions ci-dessus, l'opération $+_{\Phi}$ est commutative.

En effet, pour tout α, les ensemble $\mathfrak{U}_{\varphi_\alpha,\varphi'_\alpha}$ et $\mathfrak{U}_{\varphi'_\alpha,\varphi_\alpha}$ sont symétriques dans $\mathfrak{G}\times\mathfrak{G}$, et on a, pour tout $(\varphi\ ,\ \varphi')\in\mathfrak{U}_{\varphi_\alpha,\varphi'_\alpha}$:

$$\text{(10)}\qquad \varphi' \smile_{\varphi'_\alpha,\varphi_\alpha} \varphi = \varphi \smile_{\varphi_\alpha,\varphi'_\alpha} \varphi' \ .$$

Il résulte immédiatement de (9) et (10) que, pour $\alpha\neq 0$, on a :

$$a' +_{\varphi_{-\alpha},\varphi'_{-\alpha}} a = a' +_{\varphi'_\alpha,\varphi_\alpha} a = a +_{\varphi_\alpha,\varphi'_\alpha} a' \ .$$

Il ne reste donc plus à montrer que la commutativité de l'opération $+_{\varphi_0,\varphi'_0}$. On utilise pour cela le lemme suivant (qu'on utilisera également au § 7) :

Lemme 3. Soit $\alpha\in\{-7,\ \ldots,\ 7\}$. Soient $(\varphi_\alpha\ ,\ \varphi'_\alpha)$ et $(\tilde{\varphi}_\alpha\ ,\ \tilde{\varphi}'_\alpha)$ deux couples de difféomorphismes vérifiant les conditions du début du § 5. On suppose que ces couples sont "équivalents" au sens suivant : il existe des éléments g , g' , g'' situés respectivement dans $\mathcal{G}_{i(\alpha);e}\cdot\mathcal{S}_{i(\alpha)}$, $\mathcal{G}_{i'(\alpha);e}\cdot\mathcal{S}_{i'(\alpha)}$, $\tilde{\mathcal{G}}_{j(\alpha);e}\cdot\mathcal{S}_{j(\alpha)}$ tels que :

$$\tilde{\varphi}_\alpha = g''\circ\varphi_\alpha\circ g \ ;$$

$$\tilde{\varphi}'_\alpha = g''\circ\varphi'_\alpha\circ g' \ ;$$

alors les opérations $+_{\varphi_\alpha,\varphi'_\alpha}$ et $+_{\tilde{\varphi}_\alpha,\tilde{\varphi}'_\alpha}$ coïncident.

Démonstration du lemme 3. Soit $(\varphi\ ,\ \varphi')\in\mathfrak{U}_{\varphi_\alpha,\varphi'_\alpha}$; soit $\chi = \varphi\smile_{\varphi_\alpha,\varphi'_\alpha}\varphi'$. On a le diagramme commutatif :

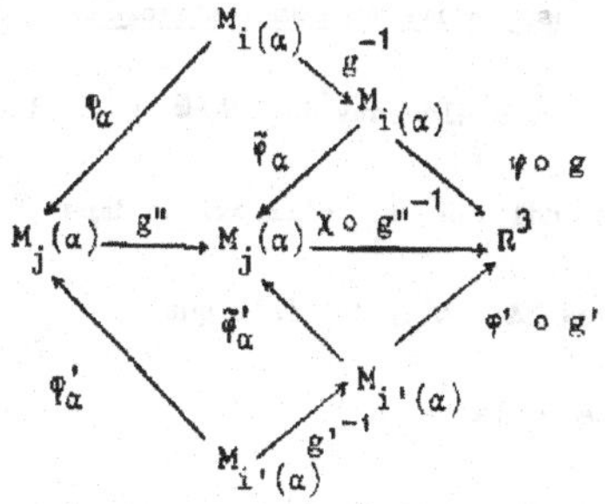

Il résulte de ce diagramme que $(\varphi \circ g \,, \varphi \circ g') \in \mathfrak{U}_{\tilde{\varphi}_\alpha, \tilde{\varphi}'_\alpha}$, et que :

$$(\varphi \circ g) \smile_{\tilde{\varphi}_\alpha, \tilde{\varphi}'_\alpha} (\varphi' \circ g') = \chi \circ g''^{-1} \quad ;$$

le lemme en résulte par passage au quotient.

<u>Application du lemme</u> 3. Soit $(a \,, a') \in \gamma_o$. D'après (10) on a :

$$a +_{\varphi_o, \varphi'_o} a' = a' +_{\varphi'_o, \varphi_o} a \,.$$

D'après (8) et le lemme 3 :

$$a' +_{\varphi'_o, \varphi_o} a = a' +_{\varphi_o, \varphi'_o} a \quad ;$$

ce qui achève la démonstration de la commutativité de $+_\Phi$.

<u>Notion de différence</u>. La commutativité de $+_\Phi$ et la propriété (iii) du §5 justifient la définition suivante : soient a et c deux éléments de $\mathfrak{R}$; s'il existe $b \in \mathfrak{R}$ tel que $a + b = c$, cet élément est unique ; il est appelé <u>différence de</u> c <u>et</u> a, et noté $c - a$. Soient A et C les projections respectives de a et c dans $\mathfrak{C}/\mathfrak{G}$; <u>pour que</u> $c - a$ <u>existe, il faut et il suffit que</u> $C - A$ <u>existe</u>.

§ 7. Construction d'une addition associative et commutative dans $\mathfrak{R}$.

Définition. Soient A , A' , A" trois éléments de $\mathfrak{C}/\mathfrak{G}$; on dit que (A , A' , A") est un modèle d'associativité pour une addition $+_{\Phi}$ s'il existe dans $\mathfrak{R}$ trois éléments a , a' , a" , de projections respectives A , A' , A" tels que

(11) $$(a +_{\Phi} a') +_{\Phi} a'' = a +_{\Phi} (a' +_{\Phi} a'')$$

(ce qui implique, bien entendu, que ces sommes existent).

Propriétés des modèles d'associativité. Soit (A , A' , A") un modèle d'associativité.

1°) Quels que soient les éléments $(\tilde{a}, \tilde{a}', \tilde{a}'')$ de $\mathfrak{R}$, de projections respectives A , A' , A" , on a :

(12) $$(\tilde{a} +_{\Phi} \tilde{a}') +_{\Phi} \tilde{a}'' = \tilde{a} +_{\Phi} (\tilde{a} +_{\Phi} \tilde{a}'').$$

En effet, il existe trois éléments $\sigma, \sigma', \sigma''$ de $\pi_0(\mathrm{Diff}(D^3 ; J^{\infty}_{S^2}))$ tels que :

$$\tilde{a} = a.\sigma \quad ; \quad \tilde{a}' = a'.\sigma' \quad ; \quad \tilde{a}'' = a''.\sigma'' \ .$$

D'après (7) :

$$(\tilde{a} +_{\Phi} \tilde{a}') +_{\Phi} \tilde{a}'' = \left[(a +_{\Phi} a') +_{\Phi} a''\right].(\sigma + \sigma' + \sigma'')$$

et

$$\tilde{a} +_{\Phi} (\tilde{a}' +_{\Phi} \tilde{a}'') = \left[a +_{\Phi} (a' +_{\Phi} a'')\right].(\sigma + \sigma' + \sigma'') \quad ;$$

(12) résulte par conséquent de (11).

2°) Soient (B , B' , B") trois éléments de $\mathfrak{G}/\mathfrak{G}$; s'il existe un difféomorphisme f de (A ∪ A' ∪ A" , A , A' , A") sur (B ∪ B' ∪ B" , B , B' , B"), alors (B , B' , B") est aussi un modèle d'associativité.

En effet, on peut supposer que f conserve l'orientation ; f associe alors canoniquement à tout élément a de $\mathfrak{R}$, de projection A, un élément, noté f.a, dont le support est B ; on a :

$$(f.a +_{\Phi} f.a') +_{\Phi} f.a'' = f.((a +_{\Phi} a') +_{\Phi} a'')$$

$$= f.a +_{\Phi} (f.a' +_{\Phi} f.a'') .$$

<u>Définition explicite d'un système</u> Φ <u>particulier</u>. On rappelle que ρ désigne la rotation d'angle π de M_o autour de la droite $\{y = z = 0\}$. On désigne par Θ un difféomorphisme de M_o ayant les propriétés suivantes :

(a) $\Theta \in \mathcal{G}_{o;e}$;

(b) Θ applique D_o sur D_1 ;

(c) $\rho \circ \Theta^{-1} = \Theta \circ \rho$.

[Il existe un tel difféomorphisme ; on peut par exemple construire Θ^{-1} comme suit. On définit d'abord Θ^{-1} sur M_1, de manière que, sur $M_1 \cap \{z \leqslant \frac{1}{2} + \varepsilon\}$, Θ^{-1} induise une "translation", c'est à dire envoie tout point de cote λ au point où le méridien de ce point perce le plan $\{z = \lambda - \frac{1}{2}\}$, puis on prolonge la définition de Θ^{-1} à l'aide de la formule (c)].

Soit h un plongement, conservant l'orientation, de M_5 dans lui-même, appliquant M_1 sur A_5, A_2' sur A_5', D_1 sur D_4. Soit g un élément de $\mathcal{G}_{o;e}$ tel que la restriction de g à M_1 coïncide avec celle de h o h.

On définit φ_o et φ_o' par les formules (8) ci-dessus.

On pose :

φ_1' = injection de M_o dans M_2 ;

φ_2' = injection de M_3 dans M_1 ;

$\varphi_3' =$ injection de M_1 dans M_5 ;

$\varphi_5 =$ injection de M_5 dans M_2 ;

$\varphi_6 =$ injection de M_2 dans M_4 .

Puis on définit comme suit les autres éléments du système Φ :

$\varphi_1 = \varphi_5 \circ h \circ \varphi_3'$;

φ_2 est l'application de M_1 dans M_1 définie par $\circledast$ (autrement dit, φ_2 est défini par : $\varphi_0 \circ \varphi_2 = \circledast \circ \varphi_0$) ;

$\varphi_3 = h \circ \varphi_3'$;

$\varphi_4 = \varphi_5 \circ h$; $\varphi_4' = \varphi_1' \circ g \circ \varphi_0'$;

$\varphi_5' = \varphi_1' \circ \varphi_0'$;

$\varphi_6' = s_4 \circ \varphi_6 \circ \varphi_5 \circ h \circ \varphi_3'$; [s_4 est défini au § 3] ;

$\varphi_7 = \varphi_5 \circ h \circ \varphi_3' \circ \varphi_2'$; φ_7' est défini comme suit : la restriction de φ_7' à A_2 est définie par :

$$\varphi_7' \circ \varphi_1 = \varphi_1 \circ \varphi_2 \quad ;$$

et la restriction de φ_7' à M_0 s'identifie à un élément de $\mathfrak{S}_{0;e}$ qu'on note g'.

Enfin, on définit φ_α et φ_α' pour $\alpha = -7, \ldots, -1$, à l'aide de la formule (9).

<u>Définition</u>. On dit qu'une addition $+_\Phi$ est <u>associative</u> si, pour $\ell = 1, 2, 3, 4, 5$, les modèles $(A_\ell , A_\ell' , A_\ell'')$ sont des modèles d'associativité pour $+_\Phi$.

<u>Proposition 2. L'addition relative au système Φ défini ci-dessus est associative et commutative.</u>

Cette addition est la seule qu'on utilisera dans la suite ; on la désignera simplement par +. Elle est commutative en vertu du § 6.

La démonstration de la proposition 2 repose sur le critère suivant, donnant une condition suffisante pour qu'un triple soit un modèle d'associativité.

S'il existe des indices $i , j , k , \ell , m , n \in \{0, 1, \ldots, 5\}$, des indices $\alpha , \beta , \gamma , \delta \in \{-7, \ldots, +7\}$, et des systèmes de difféomorphismes $(\tilde{\varphi}_\alpha , \tilde{\varphi}'_\alpha)$, $(\tilde{\varphi}_\beta , \tilde{\varphi}'_\beta)$, $(\tilde{\varphi}_\gamma , \tilde{\varphi}'_\gamma)$, $(\tilde{\varphi}_\delta , \tilde{\varphi}'_\delta)$ respectivement équivalents (au sens du lemme 3) aux systèmes $(\varphi_\alpha , \varphi'_\alpha)$, etc., définissant l'addition, tels que le diagramme :

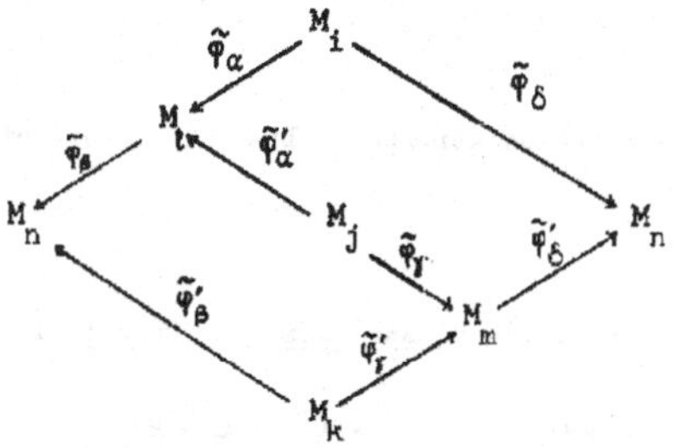

ait la propriété suivante : "l'application Λ de M_n dans lui-même définie par les formules :

$$\Lambda \,|\, (\tilde{\varphi}_\beta \circ \tilde{\varphi}_\alpha . M_i) = \tilde{\varphi}_\delta \circ \tilde{\varphi}_\alpha^{-1} \circ \tilde{\varphi}_\beta^{-1} \quad ;$$

$$\Lambda \,|\, (\tilde{\varphi}_\beta \circ \tilde{\varphi}'_\alpha . M_j) = \tilde{\varphi}'_\delta \circ \tilde{\varphi}_\gamma \circ \tilde{\varphi}'^{-1}_\alpha \circ \tilde{\varphi}_\beta^{-1} \quad ;$$

$$\Lambda \,|\, (\tilde{\varphi}'_\beta . M_k) = \tilde{\varphi}'_\delta \circ \tilde{\varphi}'_\gamma \circ \tilde{\varphi}'^{-1}_\beta \quad ;$$

est un élément du groupe $\mathcal{G}_{n;e} \cdot \mathcal{S}_n$". Alors le triple $(\tilde{\varphi}_\beta \circ \tilde{\varphi}_\alpha . M_i \; , \tilde{\varphi}_\beta \circ \tilde{\varphi}'_\alpha . M_j \; , \tilde{\varphi}'_\beta . M_k)$ est un modèle d'associativité.

Pour démontrer que les cinq systèmes $(A_\ell \; , A'_\ell \; , A''_\ell)$ sont des modèles d'associativité, on applique cinq fois ce critère, avec les correspondances suivantes :

	$\tilde{\varphi}_\alpha$	$\tilde{\varphi}'_\alpha$	$\tilde{\varphi}_\beta$	$\tilde{\varphi}'_\beta$	$\tilde{\varphi}_\gamma$	$\tilde{\varphi}'_\gamma$	$\tilde{\varphi}_\delta$	$\tilde{\varphi}'_\delta$	Λ
$\ell = 1$	φ_2	φ'_2	φ_0	φ'_0	$\varphi'_2 \circ s_3$	φ_2	φ_0	φ'_0	Θ^{-1}
$\ell = 2$	φ_3	φ'_3	φ_5	φ'_5	φ_0	φ'_0	φ_1	φ'_1	e
$\ell = 3$	φ_1	φ'_1	φ_6	φ'_6	$\varphi'_1 \circ \rho$	φ_1	$s_4 \circ \varphi'_6$	$s_4 \circ \varphi_6$	e
$\ell = 4$	φ'_2	φ_2	φ_1	φ'_1	φ'_1	$\varphi'_1 \circ g'^{-1}$	φ_7	φ'_7	e
$\ell = 5$	φ'_3	φ_3	φ_4	φ'_4	φ'_0	φ_0	φ_1	$\varphi'_1 \circ g$	e

La forme pratique sous laquelle l'associativité de l'addition sera utilisée dans la suite est la suivante :

Corollaire. Soit (A , B , C) *un modèle d'associativité. On note* :

$$A + B = D \quad ; \quad B + C = E \quad ; \quad A + B + C = F \ .$$

Soient a, b, c, d, e, f *des éléments de* $\mathcal{R}$ *situés respectivement au-dessus de* A , B , C , D , E , F. *Considérons les relations suivantes* :

$$a + b = d \quad ;$$

$$b + c = e \quad ;$$

$$a + e = f \quad ;$$

$$d + c = f \quad .$$

Si trois de ces relations sont vérifiées, la quatrième l'est aussi.

Démonstration du corollaire. Les quatre cas possibles se ramènent aussitôt à deux :

1er cas. On suppose qu'on a :

$$a + b = d \quad ; \quad b + c = e \quad ; \quad a + e = f \ .$$

Alors : $\quad d + c = (a + b) + c = a + (b + c) = a + e = f.$

2me cas. On suppose qu'on a :

$$a + b = d \quad ; \quad a + e = f \quad ; \quad d + c = f .$$

Pour montrer $b + c = e$, il suffit d'après la propriété (iii) du § 5 de montrer : $a + (b + c) = a + e$. Or on a bien :

$$a + (b + c) = (a + b) + c = d + c = f = a + e.$$

Chapitre V. Les sous-variétés de petite complexité

Ce chapitre est essentiellement consacré à construire le "démarrage" d'une section du revêtement $\mathcal{R}$, c'est-à-dire à construire une telle section pour les éléments de petite complexité. Au passage on démontrera deux résultats (1° des lemmes 2 et 6) qu'on a utilisés au chapitre III (§ 5, lemmes α et β) pour la démonstration de la conjecture de Schönflies. Au § 2, on démontrera un lemme du type "cancellation lemma" qui sera utilisé au chapitre VI.

§ 1. Etude de $\mathcal{F}_1/\mathcal{K}_1$.

Les notations utilisées sont celles du § 1 du chapitre III.

Définition. Soit $F \in \mathcal{F}_1/\mathcal{K}_1$; soit D la face horizontale de F ; si pour tout $x \in D$, la verticale de x coupe $\overline{F - D}$ transversalement et en un seul point, on dit que F est transversal aux verticales.

On note $\mathcal{C}$ la partie de $\mathcal{F}_1/\mathcal{K}_1$ formée des éléments transversaux aux verticales.

Lemme 1. $\mathcal{C}$ est contenu dans l'image de $\mathcal{E}_1/\mathcal{G}_1$, et le revêtement $\mathcal{R}$ admet une section continue τ au-dessus de $\mathcal{C}$.

Démonstration. Il est commode d'utiliser, au lieu du modèle M_1, la partie M_1' de la boule unité de $\mathbb{R}^3$ définie par $z \geqslant 1/2$; (le choix d'un difféomorphisme de M_1

sur M'_1, par exemple $\circledast|M_1$ (cf. chapitre IV, § 7) permet d'identifier les espaces fonctionnels relatifs à M'_1 aux espaces analogues relatifs à M_1). On note D_1 la face horizontale de M'_1.

Soit $F \in \mathcal{C}$; soit D la face horizontale de F. Soit h un difféomorphisme de D_1 sur D, compatible avec l'orientation induite par M'_1 sur D_1 et celle induite par $\hat{F}$ sur D. Par linéarité sur chaque verticale, h se prolonge en un difféomorphisme f, conservant l'orientation, de M'_1 sur $\hat{F}$. Puisque $\pi_0(\mathrm{Diff}\, D^2) = 0$, h est bien défini à une isotopie près ; donc f est bien défini à une isotopie près.

<u>Lemme</u> 2.

1°) $(\mathcal{F}_1/\mathcal{H}_1)^{\circ}_{(o,o)}$ <u>est contenu dans l'image de</u> $\mathcal{E}_1/\mathcal{G}_1$,

2°) <u>Le revêtement</u> $\mathcal{R}$ <u>admet une section continue</u> σ <u>au-dessus de</u> $(\mathcal{F}_1/\mathcal{H}_1)^{\circ}_{(o,o)}$, <u>telle que</u> σ <u>et</u> τ <u>coïncident sur</u> $\mathcal{C} \cap (\mathcal{F}_1/\mathcal{H}_1)^{\circ}_{(o,o)}$.

<u>Démonstration</u>. Soit $F \in (\mathcal{F}_1/\mathcal{H}_1)^{\circ}_{(o,o)}$; tout plan horizontal coupant F assez près de son sommet définit une décomposition de F en deux éléments dont l'un appartient à $\mathcal{C}$. Il en résulte que tout compact $\mathcal{K}$ de $(\mathcal{F}_1/\mathcal{H}_1)^{\circ}_{(o,o)}$ peut être déformé sur $(\mathcal{F}_1/\mathcal{H}_1)^{\circ}_{(o,o)}$ en une partie de $\mathcal{C}$, de façon que $\mathcal{K} \cap \mathcal{C}$ reste dans $\mathcal{C}$ au cours de la déformation ; d'où à la fois le 1° et le 2°.

<u>Corollaire</u>. $(\mathcal{F}_o/\mathcal{H}_o)^{\circ}_{(o,o)}$ <u>est contenu dans l'image de</u> $\mathcal{E}_o/\mathcal{G}_o$, <u>et le revêtement</u> $\mathcal{R}$ <u>admet une section continue</u> σ <u>au-dessus de</u> $(\mathcal{F}_o/\mathcal{H}_o)^{\circ}_{(o,o)}$.

<u>Démonstration</u>. Soit $F \in (\mathcal{F}_o/\mathcal{H}_o)^{\circ}_{(o,o)}$; soit (A, B) une décomposition d'Alexander de F ; nécessairement A et B sont dans $(\mathcal{F}_1/\mathcal{H}_1)^{\circ}_{(o,o)}$; donc d'après le lemme 2

ci-dessus et le lemme γ du chapitre III, § 5, F est dans l'image de $\mathcal{E}_0/\mathcal{G}_0$. En plus, deux telles décompositions peuvent être déformées continûment l'une dans l'autre, de sorte que si l'on pose :

$$\sigma(F) = \sigma(A) + \sigma(B) \quad ,$$

cette valeur est indépendante du choix particulier de la décomposition.

Le résultat suivant précise le 1° du lemme 2 :

Lemme 3. Soient F et F' deux éléments de $(\mathcal{F}_1/\mathcal{K}_1)^0_{(0,0)}$; on suppose que les faces horizontales D et D' de F et F' d'une part, et leurs sommets s et s' d'autre part, sont dans le même plan horizontal. Il existe alors un difféomorphisme g de $\mathbf{R}^3$ tel que :

(a). g laisse la cote invariante ;

(b). $g(F) = F'$.

Démonstration. Supposons que la cote de s soit 0 et que celle de D soit 1. On va construire un difféomorphisme g de $\mathbf{R}^2 \times \left]-\infty, 1\right]$, à support compact, vérifiant (a) et (b) ; (un tel difféomorphisme se prolonge sans difficulté en un difféomorphisme de $\mathbf{R}^3$ vérifiant (a) et, nécessairement, (b)). La construction de g se fait en deux temps :

1er temps. On suppose que s et s' sont confondus à l'origine 0 ; F coïncide alors au voisinage de 0 avec le graphe d'une fonction $f : \mathbf{R}^2 \to \mathbf{R}$, définie au voisinage de 0, telle que :

(1) $$f(0) = \frac{\partial f}{\partial x}(0) = \frac{\partial f}{\partial y}(0) = 0 \quad ;$$

(2) La forme quadratique des dérivées secondes de f en 0 est définie positive.

Par une application classique de la formule de Taylor, f se met alors sous la forme :

(3) $$f(x\,,\,y) = A(x\,,\,y)x^2 + 2B(x\,,\,y)xy + C(x\,,\,y)y^2$$

avec

(4) $$A(x\,,\,y) = \int_0^1 \frac{\partial^2 f}{\partial x^2}(tx\,,\,ty)(1-t)dt, \qquad \text{etc.}$$

de sorte que, compte tenu de (2), $AC - B^2$ et A sont positifs à l'origine ; on peut donc, au voisinage de 0, écrire (3) sous la forme :

(5) $$f(x\,,\,y) = \varphi^2(x\,,\,y) + \psi^2(x\,,\,y) \quad ,$$

avec

(6) $$\begin{cases} \varphi(x\,,\,y) = \dfrac{A(x\,,\,y)x + B(x\,,\,y)y}{|A(x\,,\,y)|^{1/2}} \\[2ex] \psi(x\,,\,y) = \left(\dfrac{A(x\,,\,y)\,C(x\,,\,y) - B^2(x\,,\,y)}{A(x\,,\,y)}\right)^{1/2} y\,. \end{cases}$$

Les équations (6) définissent un difféomorphisme laissant fixe 0, d'un voisinage de 0 dans $\mathbb{R}^2$ sur un autre tel voisinage ; soit h_0 un difféomorphisme de $\mathbb{R}^2$, à support compact, coïncidant avec (6) sur un voisinage V de 0 ; posons

$$g_0(x\,,\,y\,,\,z) = (h_0(x\,,\,y)\,,\,z)$$

g_0 applique la partie du graphe de f située au-dessus de V sur la partie du graphe de la fonction $x^2 + y^2$ située au-dessus de $g_0(V)$; puisque F et le graphe de f coïncident au voisinage de 0, et ne rencontrent le plan $\{z = 0\}$ qu'au point 0, il existe $\delta > 0$ tel que $g_0(F)$ et le graphe de la fonction $x^2 + y^2$ coïncident pour $z \leqslant \delta$. De même à F' correspondent f', δ' et un difféomorphisme g'_0 ; soit $\varepsilon = \inf(\delta\,,\,\delta')$, la restriction de $g'^{-1}_0 \circ g_0$ à $\{z \leqslant \varepsilon\}$ conserve la cote, et applique $F \cap \{z \leqslant \varepsilon\}$ sur $F' \cap \{z \leqslant \varepsilon\}$.

<u>2me temps</u>. Le choix d'un difféomorphisme de S^1 sur $F \cap \{z \leqslant \varepsilon/2\}$ permet (à l'aide

des lignes de gradient de la fonction z sur F) de définir un difféomorphisme k de $S^1 \times [\varepsilon/2 , 1]$ sur $F \cap \{\varepsilon/2 \leqslant z \leqslant 1\}$, conservant la cote. Soit $\mathcal{L}$ le groupe des difféomorphismes de R^2 à support dans un disque assez grand ; l'application canonique : $\mathcal{L} \longrightarrow Pl(S^1 , R^2)$ est localement différentiablement triviale (cf. [2], II, 2.4.4) ; or k s'identifie à un chemin différentiable dans $Pl(S^1 , R^2)$; donc k peut se prolonger en un difféomorphisme g_1 de $R^2 \times [\varepsilon/2 , 1]$, à support compact, conservant la cote. De même à F' on associe g_1' ; $g_1' \circ g_1^{-1}$ conserve la cote et applique $F \cap \{\varepsilon/2 \leqslant z \leqslant 1\}$ sur la partie correspondante de F' ; il n'est pas difficile de modifier ce difféomorphisme de façon qu'il se recolle avec $g_0'^{-1} \circ g_0$ le long de $\{z = \varepsilon/2\}$.

Corollaire. _Soit_ $F \in (\mathcal{F}_1/\mathcal{H}_1)^o_{(o,o)}$; _on note_ D _la façon horizontale de_ F. _On note_ $\mathfrak{X}$ _le sous-espace de_ $(\mathcal{F}_1/\mathcal{H}_1)^o_{(o,o)}$ _formé des éléments_ F' _dont la face horizontale est confondue avec_ D, _et dont la seconde face_ $\overline{F' - D}$ _est tangente à_ $\overline{F - D}$ _le long de_ ∂D, _et située du même côté de_ D. _Soient_ F' _et_ F'' _deux éléments de_ $\mathfrak{X}$; _soit_ V _un voisinage arbitraire de_ $\hat{F}' \cup \hat{F}''$. _Il existe un chemin continu_ : $t \longrightarrow F_t$, _joignant_ F' _à_ F'' _dans_ $\mathfrak{X}$, _tel que_ $F_t \subset V$ _pour tout_ $t \in [0 , 1]$.

Démonstration. On peut évidemment se borner au cas où $F'' = F$. Soit g un difféomorphisme "horizontal" de $\hat{F}$ sur $\hat{F'}$, donné par le lemme 3 ; en modifiant g par une isotopie horizontale de R^3 (dont le support peut être choisi dans un voisinage arbitrairement petit de D) on se ramène au cas où il existe un voisinage W de D sur lequel g se réduit à l'identité. Il existe, dans la partie de $\mathfrak{X}$ formée des éléments contenus dans $\hat{F}$, un chemin α d'origine F, d'extrémité F_1 contenue dans V ; (d'après le lemme 3, il suffit de montrer ceci dans le cas où $F = M'_1$, cas très simple où l'on est ramené à une propriété des fonctions réelles d'une variable). Le transmué β de α par g est un chemin d'origine F' et d'extrémité F_1 dans la partie de $\mathfrak{X}$ formée des éléments contenus dans $\widehat{F'}$; il suffit donc de composer α avec l'opposé de β.

§ 2. Application à la suppression des singularités primitives.

Définition. Soit F une sous-variété différentiable de dimension 2 de R^3 (éventuellement avec bord) ; un couple (c , s) de singularités de Morse de la fonction cote sur F est dit primitif si c est un col et s un sommet, et si les conditions suivantes sont remplies :

1°) Si P désigne le plan horizontal de c, $P \cap F$ contient une "boucle" L de sommet s (c'est à dire une courbe fermée sans point double, différentiable sauf en s, où elle présente un point anguleux).

2°) L est contenu dans $F - \partial F$, et borde sur F un disque topologique D_F, sur lequel la cote n'a pas d'autre singularité que c et s.

3°) Si D_P désigne l'enveloppe de L dans son plan, on a $D_P \cap F = L$.

Remarques.

1°) D'après la condition 3°, D_P a en s un angle saillant.

2°) $D_P \cup D_F$ est homéomorphe à S^2, donc son enveloppe $\widehat{D_P \cup D_F}$ est homéomorphe à D^3.

3°) Il existe des éléments de $(\mathcal{F}_0/\mathcal{H}_0)^0$ non triviaux (c'est à dire ayant au moins un col) sur lesquels il n'y a aucun couple primitif ; ce fait ne peut se produire que pour des éléments ayant au moins trois cols.

Lemme **4.** *Soient* F , c , s , L , D_F *et* D_P *comme ci-dessus. Soit* V *un voisinage suffisamment petit de* $\widehat{D_P \cup D_F}$; *il existe dans l'espace des sous-variétés de* R^3 *difféomorphes à* F *un chemin* $t \longmapsto F_t$, *d'origine* F, *ayant les propriétés suivantes* :

1°) $F_t \cap (R^3 - V)$ *ne dépend pas de* t ;

2°) *Il existe* $t_1 \in \left]0\ ,\ 1\right[$ *tel que* $F_t \cap V$ *ait (pour la fonction cote) deux singularités pour* $t < t_1$, *toutes deux du type de Morse* ; *une seule singularité, du type* $x^2 + y^3$, *pour* $t = t_1$; *et aucune singularité pour* $t > t_1$.

3°) *Pour* $t \in \left[0\ ,\ 1\right[$, *la cote du col de* $F_t \cap V$ *reste arbitrairement voisine de celle de* c.

Démonstration. Soient F et F' deux surfaces présentant chacune un couple primitif ; on suppose que c et c' sont confondus en 0 ; on peut même, d'après la remarque 1° ci-dessus, se ramener par un difféomorphisme horizontal de R^3 au cas où les boucles L et L' sont confondues ; enfin on se ramène par une affinité au cas où s et s' ont la même cote. Je dis que, dans ces conditions, *il existe un difféomorphisme horizontal de* R^3, *laissant fixe* L, *qui applique un voisinage de* D_F *dans* F *sur un voisinage de* $D_{F'}$ *dans* F'.

En effet, F coïncide au voisinage de 0 avec le graphe d'une fonction f, qu'on peut mettre sous la forme (3) ci-dessus ; cette fois $AC - B^2$ est négatif à l'origine, et, pour un choix convenable des axes, il en est de même de A ; de sorte que, φ et ψ étant toujours donnés par les formules (6), on peut écrire (3) au voisinage de 0

sous la forme :

$$(5') \qquad f(x , y) = - \varphi^2(x , y) + \psi^2(x , y).$$

Il existe donc un difféomorphisme horizontal de R^3 qui, au voisinage de 0, applique F sur le graphe de la fonction $-x^2 + y^2$. Le même raisonnement s'applique à F' ; il existe donc un difféomorphisme horizontal g de R^3, qu'on peut choisir laissant fixe L, qui, au voisinage de 0, applique F sur F' ; en composant g avec un difféomorphisme horizontal convenable de R^3, on obtient un difféomorphisme horizontal qui laisse fixe L et applique un voisinage de L dans F sur un voisinage de L dans F' ; il suffit alors d'appliquer le lemme 2 pour établir l'assertion ci-dessus.

Ce qui précède montre qu'on peut se borner à démontrer le lemme pour une surface F particulière. On choisit pour F le graphe de la fonction $f(x , y) = y^3 + y^2 - x^2$, et pour V un voisinage arbitraire de $\widehat{D_p \cup D_{p'}}$. La déformation cherchée peut alors être définie explicitement comme suit. Soit $\varepsilon > 0$, suffisamment petit, soit h une fonction $R \to R$ telle que : $y^3 + y^2 - h(y)$ soit négatif pour $y \in \,]-1 - \varepsilon , \varepsilon[$, nul ailleurs ;

$h'(y) > 0$ pour tout y ;

$h''(-\frac{1}{3}) = 0$; $h''(y) \neq 0$ pour $y \neq -\frac{1}{3}$.

Soit k une fonction analogue à h, mais relative à 2ε, et telle que :

$$k(y) < h(y) \quad \text{pour} \quad y \in [-1 - \varepsilon , \varepsilon] \quad .$$

Soit, pour $b > 0$ et $a < b$, $\chi_{a,b}$ une famille de fonctions différentiables $R \to R$, dépendant différentiablement de (a , b), telles que :

$$\chi_{a,b}(x) = x^2 \quad \text{dès que} \quad x^2 \geqslant b \quad \text{ou} \quad a = 0 \quad ;$$

$$\chi_{a,b}(0) = a \quad \text{pour tout} \quad (a\ ,\ b) \quad ;$$

$$\chi'_{a,b}(0) = 0 \quad ; \quad \chi'_{a,b}(x) \neq 0 \quad \text{pour} \quad x \neq 0 \quad ;$$

$$\chi''_{a,b}(0) \neq 0 \quad .$$

On pose

$$f_t(x\ ,\ y) = y^3 + y^2 + \chi_{t(y^3+y^2-h(y)),y^3+y^2-k(y)}(x) \ .$$

On peut prendre pour F_t le graphe de f_t. En effet, le 1° est vérifié dès que ε est assez petit ; le 2° résulte du fait que les points singuliers de la fonction cote sur $F_t \cap V$ sont les points à tangente horizontale du graphe de la fonction $th(y) + (1-t)(y^3+y^2)$; un calcul de dérivée immédiat montre que la cote de ces points est fonction décroissante de t ; donc en particulier la cote du col reste comprise entre $-(\varepsilon^3 + \varepsilon^2)$ et 0 ; d'où le 3°.

§ 3. Etude de $(\mathcal{F}_o/\mathcal{K}_o)^o_{(1,o)}$.

Soit $F \in (\mathcal{F}_o/\mathcal{K}_o)^o_{(1,o)}$; soit c le col de F ; soit P le plan horizontal de c ; $P \cap F$ est une courbe différentiable connexe avec un point de self-intersection transversale. La classification de ces courbes (relativement aux difféomorphismes du plan) est immédiate, il y a deux types possibles :

type I

type II

Si F' est un élément de $(\mathcal{F}_0/\mathcal{H}_0)^{\circ}_{(1,0)}$ voisin de F, $P \cap F'$ est une courbe voisine de $P \cap F$. [On peut en effet se ramener au cas où c et c' sont confondus en 0 ; l'intersection de F et F' avec P étant transversale sauf en 0, il suffit d'étudier le voisinage de ce point ; or il résulte des formules (4) et (6) ci-dessus qu'on peut mettre F sous forme canonique au voisinage de 0 par un difféomorphisme local conservant la cote, et dépendant continûment de F.] De ceci résulte en particulier que si F et F' sont dans la même composante connexe de $(\mathcal{F}_0/\mathcal{H}_0)^{\circ}_{(1,0)}$, $P' \cap F'$ est du même type que $P \cap F$. D'autre part on montre sans difficulté (en procédant comme dans la démonstration du lemme 4) que si $P \cap F$ et $P' \cap F'$ sont du même type, et si les demi-normales à F (resp. F') en c (resp. c'), sortantes relativement à $\hat{F}$ (resp. $\hat{F}'$) sont dirigées dans le même sens, F et F' sont dans la même composante connexe de $(\mathcal{F}_0/\mathcal{H}_0)^{\circ}_{(1,0)}$; cet espace a donc quatre composantes connexes ; par symétrie, on se ramène à étudier les deux composantes définies comme suit :

- type α : $P \cap F$ est du type I, et la demi-normale sortante en c est dirigées vers le haut ;
- type β : $P \cap F$ est du type II, et la demi-normale sortante en c est dirigée vers le bas.

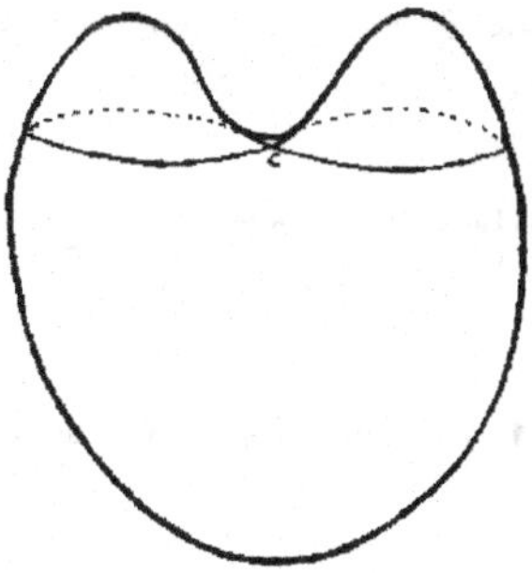

type α

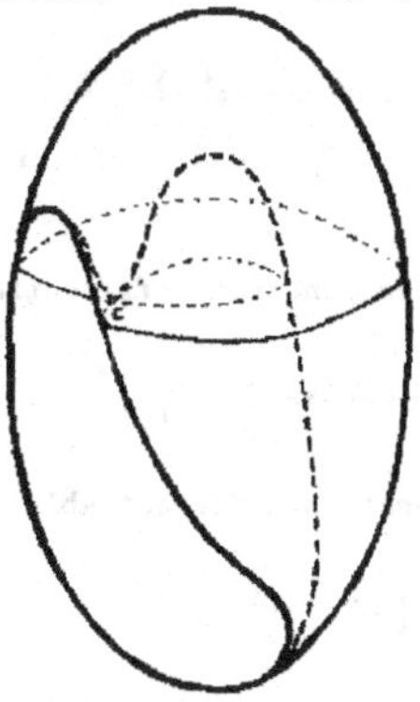

type β

Lemme 5. Soit $\mathcal{Q}$ le sous-espace de $(\mathcal{F}_o/\mathcal{H}_o)^o_{(1,o)}$ formé des éléments F tels qu'en aucun point de $P \cap F$ le plan tangent à F ne soit vertical. Tout compact $\mathcal{K}$ de $(\mathcal{F}_o/\mathcal{H}_o)^o_{(1,o)}$ peut être déformé sur $(\mathcal{F}_o/\mathcal{H}_o)^o_{(1,o)}$ en une partie de $\mathcal{Q}$, de façon que $\mathcal{K} \cap \mathcal{Q}$ reste dans $\mathcal{Q}$ au cours de la déformation.

Démonstration. On se ramène immédiatement à ne considérer que les éléments dont le col c est en O. Pour $\varepsilon > 0$, on note D_ε le 2-disque horizontal de centre O, de rayon ε. Pour tout $F \in \mathcal{K}$ et tout $u \in P \cap F$ (distinct de O), on choisit, dans le plan normal en u à $P \cap F$, le repère constitué de la demi-normale horizontale ν en u à $P \cap F$ (orienté vers l'intérieur de $\hat{F}$ si F est du type α, vers l'extérieur si F est du type β) et de la verticale ascendante. On note $\alpha(u)$ l'angle (compris entre 0 et π) de ν et de la ligne de pente (orientée vers le haut) du plan tangent en u à F.

Soit $\varepsilon > 0$, assez petit pour que, pour tout $F \in \mathcal{K}$, il n'y ait aucun point de $D_\varepsilon \cap F$ où le plan tangent à F soit vertical. Soit $\eta > 0$, assez petit pour que, pour tout $F \in \mathcal{K}$, $F \cap (P - D_{\varepsilon/2})$ admette dans P un voisinage tubulaire de rayon η, qu'on note $T_{F,\eta}$. Soit δ tel que

$$0 < \delta/\eta < \inf_{\substack{F\in\mathcal{K}\ ;\ i=1,2\ ;\\ u\in F\cap(P-D_{\varepsilon/2})}} \operatorname{tg}\frac{\alpha(u)}{i} .$$

Soient : ρ une fonction différentiable : $P \to [0\ ,\ 1]$, nulle au voisinage de $D_{\varepsilon/2}$, égale à 1 en dehors de D_ε ;

ω une fonction différentiable $\mathbb{R} \to [0\ ,\ 1]$, égale à 1 au voisinage de 0, nulle en dehors de $[-\delta\ ,\ +\delta]$;

$\varphi_{a,b}$ (pour a et $b \in [-\eta, +\eta]$) un difféomorphisme de $\mathbf{R}$, dépendant différentiablement du couple (a, b), se réduisant à l'identité en dehors de $[-\eta, +\eta]$, tel que

$$\varphi_{a,b}(a) = b \quad .$$

A tout $F \in \mathcal{K}$ on associe l'isotopie horizontale γ de $\mathbf{R}^3$ définie comme suit :

γ laisse fixe le complémentaire de $T_{F,\eta} \times [-\delta, +\delta]$; et pour $u \in F \cap (P - D_{\varepsilon/2})$, $|v| \leqslant \eta$ et $|z| \leqslant \delta$, l'image par γ_t du point de coordonnées (v, z) du plan normal en u à $P \cap F$ est le point de ce plan dont les coordonnées sont :

$$(v + t\rho(u)\,\omega(z)(\varphi_{a,b}(v) - v) \ , \ z)$$

avec :

$$a = z/\mathrm{tg}\ \alpha(u) \qquad ; \qquad b = z/\mathrm{tg}\ \frac{\alpha(u)}{2} \quad .$$

La déformation définie par : $(F, t) \longrightarrow \gamma_t(F)$ a les propriétés voulues.

<u>Lemme</u> 6.

1°) <u>$(\mathcal{F}_o/\mathcal{K}_o)^o_{(1,o)}$ est contenu dans l'image de $\mathcal{E}_o/\mathcal{G}_o$.</u>

2°) <u>Le revêtement $\mathcal{R}$ admet une section continue au-dessus de $(\mathcal{F}_o/\mathcal{K}_o)^o_{(1,o)}$.</u>

<u>Démonstration</u>. On s'occupe successivement des éléments du type α et du type β ; dans chaque cas il suffit, d'après le lemme 5, de considérer les éléments qui appartiennent au sous-espace $\mathcal{Q}$.

<u>Type</u> α. Soit $F \in \mathcal{Q}$, de type α. On considère deux plans horizontaux P_+ et P_-, voisins du plan horizontal P du col ; P_+, situé au-dessus du col, coupe F suivant deux cercles C_1 et C_2 ; P_-, situé au-dessous du col, coupe F suivant un cercle C_3. Pour $i = 1, 2, 3$, C_i borde un disque horizontal D_i ; D_i est contenu dans $\hat{F}$, et

coupe par conséquent $\hat{F}$ en deux parties ; on note A_i celle qui ne contient pas le col ; A_1, A_2, A_3 sont disjoints ; ce sont d'après le 1° du lemme 2 des éléments de $\mathcal{E}_1/\mathcal{G}_1$; on note :

$$\hat{F} - \bigcup_{i=1,2,3} \overset{o}{A}_i = B \quad .$$

Puisque $F \in \mathcal{L}$, il existe, dès que P_+ est assez voisin de P, un élément A'_i $(i = 1,2)$ de $\mathcal{C}$ [cf. § 1 ; on identifie ici $\mathcal{C}$ à son image dans $\mathcal{E}_1/\mathcal{G}_1$] dont la face horizontale soit D_i, et dont la seconde face soit située au-dessus de D_i et se raccorde à F le long de C_i. Si P_- est assez voisin de P, $B \cup A'_1 \cup A'_2$ est un élément de $\mathcal{C}$; donc $B \cup A'_1 \cup A'_2 \cup A_3$ est un élément de $\mathcal{E}_0/\mathcal{G}_0$, donc également $\hat{F}$, qui lui est difféomorphe.

Les valeurs de $\sigma(A_1)$, $\sigma(A_2)$, $\sigma(A_3)$ étant données par le lemme 2, et celles de $\tau(A'_1)$, $\tau(A'_2)$, $\tau(B \cup A'_1 \cup A'_2)$ par le lemme 1, on pose successivement :

$$\sigma(B \cup A'_1 \cup A'_2 \cup A_3) = \tau(B \cup A'_1 \cup A'_2) + \sigma(A_3) \qquad ;$$

$$\sigma(B \cup A_3) = (\sigma(B \cup A'_1 \cup A'_2 \cup A_3) - \tau(A'_1)) - \tau(A'_2) \quad ;$$

$$\sigma(\hat{F}) = (\sigma(B \cup A_3) + \sigma(A_1)) + \sigma(A_2).$$

Il résulte de l'associativité de l'addition dans $\mathcal{R}$ (cf. chapitre IV, § 7, proposition 2) que l'on obtiendrait le même résultat en permutant le rôle des indices 1 et 2. Il résulte de la continuité de l'addition dans $\mathcal{R}$ que la valeur de $\sigma(\hat{F})$ ainsi obtenue est indépendante du choix particulier de A'_1 et A'_2, car on peut par exemple passer continûment de A'_1 à tout élément analogue $\tilde{A}'_1$. Egalement par raison de continuité, la valeur de $\sigma(\hat{F})$ ne dépend pas du choix particulier des plans P_+ et P_-. Enfin il est immédiat que la section ainsi définie est continue.

Type β. Soit $F \in \mathcal{Q}$, de type β. On considère cette fois trois plans horizontaux P_+, P_{++} et P_-, voisins du plan P, l'ordre par cotes croissantes étant : P_-, P, P_+, P_{++}. Le plan P_+ (resp. P_{++}) coupe F suivant deux cercles C_1 et C_2 (resp. C_3 et C_4) ; P_- coupe F suivant un cercle C_5. Pour $i = 1, \ldots, 5$, C_i borde un disque horizontal D_i ; on choisit les notations de façon que $D_1 \subset D_2$ et $D_3 \subset D_4$. Le disque D_1 est extérieur à $\hat{F}$, et définit avec l'une des parties en lesquelles C_1 coupe F, un élément de $\mathcal{E}_1/\mathcal{G}_1$ qu'on note A_1. Le disque D_5 coupe $\hat{F}$ en deux parties, on note A_5 celle qui ne contient pas le col. Si P_+ et P_- sont assez voisins de P, on peut définir des éléments A_1' et A_5' de $\mathcal{C}$ (analogues aux éléments A_1' et A_2' définis précédemment) ; en plus, on choisit A_1' de façon qu'il soit entièrement en-dessous de P_{++}. Le disque D_4 coupe $(\hat{F} \cup A_1) - A_1'$ en deux parties ; on note A_4 celle qui ne contient pas le col. On note :

$$(\hat{F} \cup A_1) - (A_4 \cup A_5) = B .$$

Si P_{++} a été choisi assez voisin de P, $(B - A_1') \cup A_5'$ est un élément de $\mathcal{C}$; donc $(B - A_1') \cup A_5' \cup A_4$ est un élément de $\mathcal{E}_0/\mathcal{G}_0$; donc également $\hat{F}$, qui lui est difféomorphe.

On pose successivement :

$$\sigma((B - A_1') \cup A_5' \cup A_4) = \tau((B - A_1') \cup A_5') + \sigma(A_4) \qquad ;$$

$$\sigma(B \cup A_4) = (\sigma((B - A_1') \cup A_5' \cup A_4) + \tau(A_1')) - \tau(A_5')) \quad ;$$

$$\sigma(\hat{F}) = (\sigma(B \cup A_4) - \sigma(A_1)) + \sigma(A_5) .$$

Propriétés de la section construite au lemme 6.

1°) La construction faite -ci-dessus (dans le cas du type α) s'applique aussi au cas où deux sommets de F sont au même niveau. Il en résulte que la section σ peut se prolonger continûment à la partie de $(\mathcal{F}_o/\mathcal{H}_o)^1$ formée des éléments ayant un col, et dont deux des trois sommets sont au même niveau.

2°) La section σ, définie sur $(\mathcal{F}_o/\mathcal{H}_o)^o_{(o,o)}$ par le corollaire du lemme 2, et sur $(\mathcal{F}_o/\mathcal{H}_o)^o_{(1,o)}$ par le lemme 6, peut se prolonger par continuité aux points de $(\mathcal{F}_o/\mathcal{H}_o)^1$ ayant 0 col et un point critique non de Morse.

Ceci se démontre à l'aide du lemme suivant qui est une conséquence immédiate de la proposition 7 du chapitre II :

Lemme 7. Soient $\mathcal{A}$ un ouvert de $(\mathcal{F}_o/\mathcal{H}_o)^o$ et $\mathcal{B}$ un ouvert de $(\mathcal{F}_o/\mathcal{H}_o)^1$ tels que $\mathcal{A} \cup \mathcal{B}$ soit un voisinage de $\mathcal{B}$ dans $\mathcal{F}_o/\mathcal{H}_o$. Soit σ une section partielle continue de $\mathcal{R}$, donnée au-dessus de $\mathcal{A}$. Soit $F \in \mathcal{B}$; s'il existe un voisinage $\mathcal{V}$ de F dans $\mathcal{A} \cup \mathcal{V}$ tel que σ puisse se prolonger en une section continue au-dessus de $\mathcal{A} \cup \mathcal{V}$, on dit simplement que σ est continue en F.

1°) Si σ est continue en tout point $F \in \mathcal{B}$, σ peut être prolongée par continuité à $\mathcal{A} \cup \mathcal{B}$.

2°) S'il existe un chemin α dans $\mathcal{A} \cup \mathcal{B}$ traversant $\mathcal{B}$ en F pour $t = 1/2$, tel que $\sigma \circ \alpha$ puisse être prolongé en une fonction continue au voisinage de $t = 1/2$, alors σ est continue en F.

3°) Si σ est continue en un point F' situé dans la composante connexe de F dans $\mathcal{B}$, alors σ est continue en F.

Le lemme 7 s'applique ici comme suit. Soit F un élément de $(\mathcal{F}_o/\mathcal{H}_o)^1$ ayant 0 col, et un point critique non de Morse, qu'on note e. On suppose par exemple que le normale à F en e, sortante par rapport à $\hat{F}$, est dirigée vers le haut, et que (à un difféomorphisme horizontal près) F coïncide au voisinage de e avec le graphe de la fonction $z = -x^2 + y^3$; les points de $(\mathcal{F}_o/\mathcal{H}_o)^o$ assez voisins de F sont alors du type α. Soit P le plan horizontal de e ; on peut déformer F, par une isotopie horizontale laissant fixe un voisinage de e, en un élément F' de $(\mathcal{F}_o/\mathcal{H}_o)^1$ tel qu'en aucun point de $P \cap F'$ le plan tangent à F' ne soit vertical. D'après le 3° du lemme 7, il suffit de vérifier au point F' la condition du 2° de ce lemme. Soient P_+ et P_- deux plans horizontaux situés, le premier au-dessus, le second au-dessous de P ; on note $P_+ \cap \hat{F'} = D_1$; $P_- \cap \hat{F'} = D_2$; on note respectivement A_1, B et A_2 les adhérences des parties de $\hat{F'}$ situées au-dessus de P_+, entre P_+ et P_-, en-dessous de P_-. Si P_+ est assez voisin de P, il existe un élément A_1' de $\mathcal{C}$, situé au-dessus de D_1, se raccordant avec F' le long de ∂D_1. Soit V un voisinage de e situé entre P_+ et P_- ; soit $t \longmapsto F_t'$ un chemin traversant $(\mathcal{F}_o/\mathcal{H}_o)^1$ en F' pour $t = 1/2$, tel que $F_t' \cap (R^3 - V)$ soit indépendant de t ; $\hat{F}_t'$ est de la forme :

$$\hat{F}_t' = A_1 \cup B_t \cup A_2 \qquad \text{avec} \qquad B_{1/2} = B \quad ;$$

posons :

$$\hat{F}_t'' = A_1' \cup B_t \cup A_2 \quad .$$

Le chemin $t \longmapsto F_t''$ traverse $(\mathcal{F}_o/\mathcal{H}_o)^1$ pour $t = 1/2$. Si l'on a choisi P_- assez voisin de P, $A_1' \cup B$ est un élément de $\mathcal{C}$, donc $A_1' \cup B_t$ est un élément de $\mathcal{C}$ pour t assez voisin de 1/2. Donc, par construction de la section σ sur $(\mathcal{F}_0/\mathcal{H}_0)^{o}_{(o,o)}$ et sur $(\mathcal{F}_0/\mathcal{H}_0)^{o}_{(1,o)}$, on a, pour tout t assez voisin de 1/2, et différent de 1/2 :

$$\sigma(F''_t) = \tau(A'_1 \cup B_t) + \sigma(A_2) .$$

La fonction $t \longmapsto \sigma(F''_t)$ peut donc se prolonger en une fonction continue sur tout un voisinage de la valeur 1/2. Il en est donc de même, d'après la continuité de l'addition dans $\mathcal{R}$, de la fonction $t \longmapsto \sigma(F'_t)$.

Finalement, les résultats des paragraphes 1 et 3 du présent chapitre peuvent se résumer comme suit : grâce au 1° des lemmes 2 et 6, la conjecture de Schönflies est complètement établie pour toutes les variétés dont l'arrondie est difféomorphe à D^3 (cf. chapitre IV, § 5, corollaire 1 de la proposition 1) ; comme d'autre part le lemme 4 du chapitre I, § 3 s'étend sans difficulté à ces variétés, l'espace $\mathcal{E}_k/\mathfrak{G}_k$ et l'espace $\mathcal{F}_k/\mathcal{H}_k$ relatifs au modèle M_k (cf. chapitre III, § 1) sont canoniquement homéomorphes pour $k = 0, 1, \ldots, 5$. Les résultats concernant l'existence de sections partielles pour le revêtement $\mathcal{R}$ peuvent donc s'exprimer indifféremment en termes de l'espace $\mathfrak{E}/\mathfrak{G}$ ou de l'espace $\mathcal{F}/\mathfrak{H}$ (somme topologique des espaces $\mathcal{F}_k/\mathcal{H}_k$ pour $k = 0, 1, \ldots, 5$) ; dans toute la suite, on conservera le point de vue $\mathcal{F}/\mathfrak{H}$; ce qu'on a établi jusqu'à présent dans cette voie est rassemblé dans la proposition suivante :

Proposition 1. Le revêtement $\mathcal{R} \longrightarrow \mathcal{F}/\mathfrak{H}$ admet au-dessus de $(\mathcal{F}_1/\mathcal{H}_1)^{o}_{(o,o)} \cup (\mathcal{F}_0/\mathcal{H}_0)^{o}_{(o,o)} \cup (\mathcal{F}_0/\mathcal{H}_0)^{o}_{(1,o)}$ une section σ continue, additive, c'est-à-dire telle que, pour tout $F \in (\mathcal{F}_0/\mathcal{H}_0)^{o}_{(o,o)}$ et pour toute décomposition d'Alexander de F en deux éléments A et B de $(\mathcal{F}_1/\mathcal{H}_1)^{o}_{(o,o)}$, on ait :

$$\sigma(F) = \sigma(A) + \sigma(B)$$

<u>et vérifiant les conditions suivantes</u> :

(*) σ <u>est continue aux points de</u> $(\mathcal{F}_0/\mathcal{H}_0)^1$ <u>ayant</u> 1 <u>col, et dont deux sommets sont situés dans le même plan horizontal</u>.

(**) σ <u>est continue aux points de</u> $(\mathcal{F}_0/\mathcal{H}_0)^1$ <u>ayant</u> 0 <u>col et un point critique non de Morse</u>.

Chapitre VI. Construction d'une section additive pour le revêtement $\mathfrak{R}$.

§ 1. Notion de bon arrondi et notion de complexité pour les modèles à deux arêtes.

Soit $F \in (\mathcal{F}_k/\mathcal{H}_k)^\circ$ (k = 1, 2) ; la définition d'une décomposition d'Alexander de F est analogue à celle donnée au § 3 du chapitre III pour $k = 0$, mais il faut ici imposer une condition supplémentaire au cercle minimal C : son plan doit être distinct de celui qui contient la face horizontale de F. L'élément de $\mathcal{F}_k/\mathcal{H}_k$ (k = 3 , 4 ou 5) obtenu à l'aide d'une telle décomposition vérifie les conditions suivantes : ses deux faces non adjacentes sont situées dans des plans horizontaux distincts et non tangents à la 3e face, et cette 3e face est de Morse pour la cote ; on définit $(\mathcal{F}_k/\mathcal{H}_k)^\circ$ (k = 3, 4, 5) comme étant la partie de $\mathcal{F}_k/\mathcal{H}_k$ formée des éléments qui vérifient ces conditions. On note $(\mathfrak{F}/\mathfrak{H})^\circ$ l'espace somme topologique des espaces $(\mathcal{F}_k/\mathcal{H}_k)^\circ$ pour $k = 0 , 1 ,\ldots, 5$.

Soit $F \in \mathcal{F}_0/\mathcal{H}_0$, et soit (F , D' , D'') une double décomposition de F ; d'après les propositions 1 et 2 du chapitre IV, cette double décomposition définit (à l'ordre près) un modèle d'associativité ; à ce modèle sont associés (comme dans le corollaire de la proposition 2 du chapitre IV) 6 éléments de $\mathfrak{F}/\mathfrak{H}$; l'un de ces éléments est F ; 4 correspondent à des modèles ayant une arête (ce sont les éléments associés aux décompositions simples (F , D') et (F , D'')) ; le 6e élément a deux arêtes. Supposons maintenant $F \in (\mathcal{F}_o/\mathcal{K}_o)^o$; on a alors la notion de double décomposition d'Alexander de F : c'est une double décomposition (F, D', D'') telle que (F, D') et (F, D'') soient des décompositions d'Alexander, et que les plans de D' et D'' soient distincts ; les 6 éléments de $\mathcal{F}/\mathfrak{H}$ associés à (F, D', D'') appartiennent alors à $(\mathcal{F}/\mathfrak{H})^o$.

Soit $F \in (\mathcal{F}_k/\mathcal{K}_k)^o$ $(k = 3, 4, 5)$; soient D' et D'' les faces horizontales de F, C' et C'' leur bord respectif ; on dit qu'un élément F' de $(\mathcal{F}_1/\mathcal{K}_1)^o_{(o,o)}$ arrondit bien F le long de C' si les faces horizontales de F et F' se raccordent le long de C' de façon que $\hat{F} \pm \hat{F}'$ existe, et si F' ne rencontre ni le plan de D'', ni aucun plan horizontal tangent à F. Soit de même F'' arrondissant bien F le long de C'', on suppose en plus qu'il n'existe aucun plan horizontal rencontrant à la fois F' et F'' ; on dit alors que l'élément F_o de $(\mathcal{F}_o/\mathcal{K}_o)$ défini par :

$$\hat{F}_o = \hat{F} \pm \hat{F}' \pm \hat{F}''$$

est un bon arrondi de F. Il est immédiat que la complexité de F_o est indépendante du choix particulier de F' et F'' ; par définition, c'est la complexité de F.

Propriétés immédiates.

1°) Soit $F \in (\mathcal{F}_k/\mathcal{K}_k)^o$ $(k = 3, 4, 5)$; soient F' et F'' définissant un bon arrondi F_o de F ; alors F_o est un bon arrondi (au sens de chapitre III, § 3, définition 2) pour chacun des arrondis partiels de F respectivement définis par F' et F''.

2°) Soit $F \in (\mathcal{F}_k/\mathcal{K}_k)^o$ $(k = 1, 2)$; soient A et B les éléments d'une décomposition d'Alexander de F ; la complexité de A et celle de B sont au plus égales à celle de F.

3°) Soit $F \in (\mathcal{F}_0/\mathcal{H}_0)^0$; soit (F , D' , D'') une double décomposition d'Alexander de F.

a. Les 5 éléments de $(\mathfrak{F}/\mathfrak{H})^0$ définis (outre F) par cette décomposition sont de complexité au plus égale à celle de F ;

b. Si l'une au moins des décompositions (F , D') et (F , D'') est simplifiante, l'élément à deux arêtes défini par (F , D' , D'') est de complexité strictement plus petite que celle de F. (Donc, si chacune des décompositions (F , D') , (F , D'') est simplifiante, les 5 éléments définis par (F , D' , D'') sont de complexité strictement plus petite que celle de F.)

§ 2. Construction d'une section additive au-dessus de $(\mathfrak{F}/\mathfrak{H})^0$.

Définition. Soit $\mathcal{Y}$ une partie quelconque de $(\mathfrak{F}/\mathfrak{H})^0$; on dit qu'une section σ du revêtement $\mathfrak{R} \longrightarrow \mathfrak{F}/\mathfrak{H}$, définie au-dessus de $\mathcal{Y}$, est additive si pour tout $F \in \mathcal{Y}$, et pour toute décomposition d'Alexander de F dont les éléments A et B appartiennent à $\mathcal{Y}$, on a :

$$\sigma(F) = \sigma(A) \pm \sigma(B)$$

avec le signe + ou le signe - suivant que la décomposition est additive ou soustractive.

Proposition 1. Soit σ une section continue et additive du revêtement $\mathfrak{R}$, définie au-dessus de $(\mathcal{F}_1/\mathcal{H}_1)^0_{(0,0)} \cup (\mathcal{F}_0/\mathcal{H}_0)^0_{(0,0)} \cup (\mathcal{F}_0/\mathcal{H}_0)^0_{(1,0)}$, et vérifiant la condition (*) de la proposition 1 du chapitre V.

La section σ peut se prolonger d'une manière unique en une section $\bar{\sigma}$ continue et additive au-dessus de $(\mathfrak{F}/\mathfrak{H})^0$.

<u>Remarque</u>. Seule l'existence d'un tel prolongement sera utilisée dans la suite.

La démonstration de la proposition 1 repose sur deux lemmes de récurrence.

<u>Premier lemme de récurrence. Soit</u> $(i\ ,\ j)$ <u>un couple d'entiers tel que</u> $(i\ ,\ j) \geqslant (2\ ,\ 0)$. <u>Soit</u> σ <u>une section additive de</u> $\mathfrak{R}$ <u>définie au-dessus de</u> $(\mathfrak{F}/\mathfrak{H})^{o}_{<(i,j)}$; σ <u>peut se prolonger d'une manière unique en une section</u> $\bar{\sigma}$ <u>additive au-dessus de</u> $(\mathfrak{F}/\mathfrak{H})^{o}_{<(i,j)} \cup (\mathfrak{F}_o/\mathfrak{K}_o)^{o}_{(i,j)}$. <u>Si en plus</u> σ <u>est continue,</u> $\bar{\sigma}$ <u>est continue.</u>

<u>Démonstration du premier lemme de récurrence</u>. On peut supposer $(\mathfrak{F}_o/\mathfrak{K}_o)^{o}_{(i,j)}$ non vide (sans quoi le lemme est trivial). Soit $F \in (\mathfrak{F}_o/\mathfrak{K}_o)^{o}_{(i,j)}$; puisque $(i\ ,\ j) \geqslant (2\ ,\ 0)$, il existe d'après le lemme 2 du chapitre III, § 4 une décomposition d'Alexander simplifiante $(F\ ,\ D)$ de F ; soient A et B les éléments d'une telle décomposition ; $\sigma(A)$ et $\sigma(B)$ sont définis ; nécessairement $\bar{\sigma}(F)$ doit vérifier :

$$(1) \qquad \bar{\sigma}(F) = \sigma(A) \pm \sigma(B)$$

avec le signe + ou - suivant que la décomposition est additive ou soustractive ; ceci montre l'unicité de $\bar{\sigma}$.

On va montrer que la valeur de $\bar{\sigma}(F)$ définie par (1) est indépendante de la décomposition choisie. Soit $(F\ ,\ D')$ une autre décomposition d'Alexander simplifiante de F, soient A' et B' ses éléments ; on peut supposer (en introduisant au besoin une 3e décomposition) que les plans de D et D' sont distincts ; $(F\ ,\ D\ ,\ D')$ est alors une double décomposition d'Alexander au sens du § 1. Les éléments de $(\mathfrak{F}/\mathfrak{H})^{o}$ associés à cette double décomposition sont F , A , B , A' , B' , et un 6e élément qu'on note H. D'après la propriété 3°b du § 1, la complexité de H est strictement plus petite que celle de F, donc $\sigma(H)$ est défini. Entre les éléments $\bar{\sigma}(F)$ (défini par (1)), $\sigma(A)$, $\sigma(B)$,

$\sigma(A')$, $\sigma(B')$ et $\sigma(H)$, trois des quatre relations d'additivité possibles sont vérifiées : l'une d'après (1), deux autres d'après l'additivité de σ ; il résulte donc du corollaire de la proposition 2 du chapitre IV que la 4e relation d'additivité est aussi vérifiée, ce qu'il fallait démontrer.

Additivité de $\bar{\sigma}$: elle est vérifiée par construction.

Continuité de $\bar{\sigma}$ lorsque σ est continue : soit $\tilde{F}$ un élément de $\mathcal{F}_0/\mathcal{K}_0$ assez voisin de F ; soient D, A, B comme ci-dessus ; l'intersection du plan horizontal de D et de $\hat{\tilde{F}}$ contient un disque $\tilde{D}$ voisin de D ; $(\tilde{F}, \tilde{D})$ est une décomposition d'Alexander simplifiante de $\tilde{F}$, dont les éléments $\tilde{A}$ et $\tilde{B}$ sont respectivement voisins de A et B ; donc d'après la continuité de σ, $\sigma(\tilde{A})$ et $\sigma(\tilde{B})$ sont respectivement voisins de $\sigma(A)$ et $\sigma(B)$; donc d'après la continuité de l'addition, $\bar{\sigma}(\tilde{F})$ est voisin de $\bar{\sigma}(F)$.

Second lemme de récurrence. Soit (i, j) un couple d'entiers positifs ou nuls. Soit σ une section additive et continue de $\mathcal{R}$, définie au-dessus de $(\mathcal{F}_1/\mathcal{K}_1)^o_{(o,o)} \cup (\mathcal{F}/\mathfrak{H})^o_{<(i,j)} \cup (\mathcal{F}_0/\mathcal{K}_0)^o_{(i,j)}$, et vérifiant (lorsque i est $\neq 0$) la condition (*) de la proposition 1 du chapitre V. La section σ peut se prolonger d'une manière unique en une section $\bar{\sigma}$, continue et additive au-dessus de $(\mathcal{F}/\mathfrak{H})^o_{\leq(i,j)}$.

Démonstration du second lemme de récurrence. On suppose $(\mathcal{F}_0/\mathcal{K}_0)^o_{(i,j)}$ non vide (sans quoi le lemme est trivial).

Unicité et continuité de $\bar{\sigma}$: Soit $F \in (\mathcal{F}_k/\mathcal{K}_k)^o_{(i,j)}$ avec $k = 1, 2, 3, 4$ ou 5 ; deux cas sont à distinguer :

__1er cas__. $k = 1$ ou 2 ; alors F a une face horizontale unique D, de bord C ; on arrondit bien F le long de C à l'aide d'un élément A de $(\mathcal{F}_1/\mathcal{K}_1)^o_{(o,o)}$; on note B le bon arrondi de F ainsi obtenu ; on a suivant les cas $\hat{F} = \hat{B} \pm \hat{A}$. D'après la définition de la complexité de F, la complexité de B est $(i\ ,\ j)$; donc $\sigma(B)$ est défini ; nécessairement $\bar{\sigma}\ (F)$ doit vérifier

$$\text{(2)} \qquad \bar{\sigma}\ (F) = \sigma(B) \pm \sigma(A)$$

(ce qui montre l'unicité de $\bar{\sigma}$ dans ce cas). Si A varie continûment en continuant à bien arrondir F le long de C, B varie continûment et reste dans $(\mathcal{F}_o/\mathcal{K}_o)^o$; donc $\sigma(A)$ et $\sigma(B)$ varient continûment. Comme, d'après le corollaire du lemme 3 du chapitre V, § 1, le sous-espace de $(\mathcal{F}_1/\mathcal{K}_1)^o_{(o,o)}$ formé des éléments qui arrondissent bien F le long de C est connexe, la valeur de $\bar{\sigma}\ (F)$ donnée par (2) est indépendante du choix particulier de A.

D'autre part, si $\tilde{F}$ est assez voisin de F, on peut arrondir $\tilde{F}$ le long de son arête $\tilde{C}$ à l'aide d'un élément $\tilde{A}$ voisin de A ; $\tilde{B}$ est alors voisin de B, donc $\bar{\sigma}\ (\tilde{F})$ est voisin de $\bar{\sigma}(F)$.

__2e cas__. $k = 3$, 4 ou 5 ; alors F a deux faces horizontales D' et D'', de bords respectifs C' et C'' ; on arrondit bien F le long de C' à l'aide d'un élément A' de $(\mathcal{F}_1/\mathcal{K}_1)^o_{(o,o)}$; on obtient ainsi un élément B' tel que $\hat{F} = \hat{B}' \pm \hat{A}'$, dont le modèle est M_1 ou M_2 et la complexité $(i\ ,\ j)$; donc $\bar{\sigma}(B')$ a été défini ci-dessus ; nécessairement $\bar{\sigma}(F)$ doit vérifier :

$$\text{(3)} \qquad \bar{\sigma}(F) = \bar{\sigma}(B') \pm \sigma(A')$$

(ce qui montre l'unicité de $\bar{\sigma}$ dans ce cas) ; puisque $\bar{\sigma}(B')$ varie continûment avec B', la valeur de $\bar{\sigma}(F)$ donnée par (3) ne dépend pas du choix particulier de B', et est une fonction continue de F. Il reste à montrer que le même procédé appliqué en remplaçant C' par C", conduit à la même valeur de $\bar{\sigma}(F)$. On arrondit F le long de C" à l'aide de A" ; on note B" l'arrondi partiel de F ainsi obtenu ; on choisit A" de façon que A' et A" définissent un bon arrondi F_o de F ; D' et D" définissent une double décomposition d'Alexander de F_o, dont les éléments sont (outre F_o) , A' , B' , A" , B" et F ; $\sigma(F_o)$, $\sigma(A')$, $\sigma(A'')$, $\bar{\sigma}(B')$, $\bar{\sigma}(B'')$ et $\bar{\sigma}(F)$ sont définis (ce dernier par (3)) ; trois relations d'additivité sont vérifiées : d'une part (3), et d'autre part les deux relations provenant de la définition de $\bar{\sigma}(B')$ et $\bar{\sigma}(B'')$, par exemple :

$$\bar{\sigma}(B') = \sigma(F_o) \pm \sigma(A'') ;$$

la 4e relation est donc aussi vérifiée, ce qu'il fallait démontrer.

<u>Additivité de</u> $\bar{\sigma}$. Soit $F \in (\mathfrak{F}_k/\mathcal{H}_k)^o_{(i,j)}$, avec k = 0, 1, 2, 3, 4 ou 5 ; il faut distinguer trois types de décomposition d'Alexander.

<u>1er type</u>. k = 1 ou 2 et (F , D) <u>est une décomposition simplifiante</u>. Soient A et B les éléments de (F , D) ; on suppose que B est celui d'entre eux qui a deux arêtes. Soit D' la face horizontale de F ; soit F' un élément de $(\mathfrak{F}_1/\mathcal{H}_1)^o_{(o,o)}$ définissant un bon arrondi F_o de F ; on choisit F' de façon que D et D' définissent une double décomposition d'Alexander de F_o ; les éléments de cette décomposition sont (outre F_o) , F , F' , A , B et un sixième élément qu'on note A' ; A' est l'arrondi partiel de

B défini par F'. Tous ces éléments sont de complexité $\leqslant (i , j)$, de sorte que $\bar{\sigma}$ est défini pour chacun d'entre eux. Trois relations d'additivité sont vérifiées :

1°) Celle relative à la décomposition (F_o , D) (car cette décomposition est simplifiante) ;

2°) Celle qui résulte de la définition de $\bar{\sigma}(F)$ d'après (2) :

$$\bar{\sigma}(F) = \sigma(F_o) \pm \sigma(F').$$

3°) Celle qui résulte de la définition de $\bar{\sigma}(B)$ d'après (3) :

$$\bar{\sigma}(B) = \bar{\sigma}(A') \pm \sigma(F').$$

La 4e relation est donc vérifiée, ce qu'il fallait démontrer.

<u>2e type.</u> $k = 0$ <u>et la décomposition</u> (F , D) <u>n'est pas simplifiante.</u>

Lorsque la complexité (i , j) de F est $(0 , 0)$, l'additivité a lieu par hypothèse ; on suppose donc $(i , j) \geqslant (1 , 0)$. Soient A et B les éléments de (F , D) ; l'un d'entre eux appartient nécessairement à $(\mathcal{F}_1/\mathcal{H}_1)^o_{(o,o)}$, supposons que ce soit A.

<u>Cas où</u> $(i , j) = (1 , 0)$. Si F est un bon arrondi de B, l'additivité résulte de la définition de $\sigma(B)$ d'après (2). Si F n'est pas un bon arrondi de B, on choisit un élément A' de $(\mathcal{F}_1/\mathcal{H}_1)^o_{(o,o)}$ tel que $F' = B \pm A'$ soit un bon arrondi de B ; on a alors :

$$\bar{\sigma}(B) = \sigma(F') \pm \sigma(A') . \tag{4}$$

D'après le corollaire du lemme 3, il existe un chemin continu $t \longrightarrow A_t$ joignant A à A' dans $(\mathcal{F}_1/\mathcal{H}_1)^o_{(o,o)}$, tel que, pour tout t, $\hat{B} \pm \hat{A}_t$ existe ; soit $\hat{F}_t$ défini par : $\hat{F}_t = \hat{B} \pm \hat{A}_t$. L'application $t \longrightarrow \sigma(A_t)$ est continue ; d'après la condition (*), l'application $t \longmapsto \sigma(F_t)$ peut être prolongée en une fonction continue sur tout $[0 , 1]$, la fonction $t \longmapsto \sigma(F_t) \pm \sigma(A_t)$ est donc constante ; donc d'après (4) :

$$\bar{\sigma}(B) = \sigma(F) \pm \sigma(A) \quad ,$$

ce qu'il fallait démontrer.

Cas où $(i , j) \geq (2 , 0)$. Soit (F , D') une décomposition simplifiante de F en deux éléments A' et B' ; l'un de ces éléments contient le bord de D, on suppose que c'est B' ; en plus on choisit D' tel que son plan soit distinct de celui de D ; (B , D') est alors une décomposition d'Alexander simplifiante de B ; (F , D , D') est une double décomposition d'Alexander de F, dont les éléments sont (outre F), A , B , A' , B' et un sixième élément qu'on note H et dont la complexité est (d'après la propriété 3^ob du § 1) strictement plus petite que (i , j) ; $\sigma(F)$, $\sigma(A)$, $\sigma(A')$, $\sigma(B')$, $\bar{\sigma}(B)$ sont définis. Trois relations d'additivité sont vérifiées :

1°) Celle relative à (F , D') (d'après l'additivité de σ) ;

2°) Celle relative à (B , D') (car elle est du 1er type considéré ci-dessus) ;

3°) Celle relative à (B' , D) (d'après l'additivité de σ).

La 4e relation est donc vérifiée, ce qu'il fallait démontrer.

3e type. k = 1 ou 2 et la décomposition n'est pas simplifiante.

On procède exactement comme pour le 1er type ci-dessus ; les relations d'additivité 1°, 2° et 3° sont encore vérifiées ; mais cette fois la relation 1° est vérifiée parce qu'elle correspond à une décomposition du 2e type ci-dessus.

Ceci achève la démonstration du second lemme de récurrence.

<u>Démonstration de la proposition</u> 1. On considère la restriction de σ à $(\mathcal{F}_1/\mathcal{H}_1)^o_{(o,o)} \cup (\mathcal{F}_o/\mathcal{H}_o)^o_{(o,o)}$; on lui applique le second lemme de récurrence (avec $(i\ ,\ j) = (0\ ,\ 0)$) ; on obtient ainsi un prolongement continu et additif à $(\mathcal{F}/\mathfrak{H})^o_{(o,o)}$. On a ainsi défini un prolongement $\bar{\sigma}$ de σ à $(\mathcal{F}/\mathfrak{H})^o_{(o,o)} \cup (\mathcal{F}_o/\mathcal{H}_o)^o_{(1,o)}$; cette section $\bar{\sigma}$ vérifie la condition (*) (qui se conserve évidemment par prolongement) et elle est additive (car d'une part sa restriction à $(\mathcal{F}/\mathfrak{H})^o_{(o,o)}$ est additive, et d'autre part il n'existe pas de décomposition d'un élément de $(\mathcal{F}_o/\mathcal{H}_o)^o_{(1,o)}$ en deux éléments de $(\mathcal{F}/\mathfrak{H})^o_{(o,o)} \cup (\mathcal{F}_o/\mathcal{H}_o)^o_{(1,o)}$). On peut donc appliquer de nouveau le 2e lemme de récurrence, avec cette fois $(i\ ,\ j) = (1\ ,\ 0)$. Puis on applique le 1er lemme de récurrence, puis de nouveau le 2e, et ainsi de suite. Le prolongement obtenu est unique, puisqu'il en est ainsi à chaque pas.

§ 3. <u>Prolongement d'une section additive</u>.

<u>Proposition</u> 2. <u>Soit</u> σ <u>une section partielle continue et additive du revêtement</u> $\mathcal{R}$, <u>définie au-dessus de</u> $(\mathcal{F}_o/\mathcal{H}_o)^o \cup (\mathcal{F}_1/\mathcal{H}_1)^o \cup (\mathcal{F}_2/\mathcal{H}_2)^o$. <u>Pour que</u> σ <u>puisse se prolonger par continuité à</u> $(\mathcal{F}_o/\mathcal{H}_o)^1$, <u>il suffit que</u> σ <u>vérifie la condition</u> (**) <u>de la proposition</u> 1 <u>du chapitre</u> V (<u>c'est-à-dire, que</u> σ <u>soit continue aux points de</u> $(\mathcal{F}_o/\mathcal{H}_o)^1$ <u>ayant</u> 0 <u>col et un point critique non de Morse</u>).

La confrontation des propositions 1, 2 et de la proposition 1 du chapitre V montre que le revêtement $\mathcal{R}$ admet une section continue au-dessus de $(\mathcal{F}_o/\mathcal{H}_o)^o \cup (\mathcal{F}_o/\mathcal{H}_o)^1$; ceci achève la démonstration de la nullité de π_o (Diff S^3).

Le principe de la démonstration de la proposition 2 est le suivant : on vérifie la condition du 2° du lemme 7 du chapitre V, § 3, en tout point F de $(\mathcal{F}_o/\mathcal{H}_o)^1$. On examine successivement trois cas.

1. <u>Premier cas</u>. F <u>est un point de</u> $(\mathcal{F}_o/\mathcal{H}_o)^1_\beta$ <u>où se croisent deux singularités dont l'une au moins est un sommet</u> s.

Soit C un cercle horizontal de F suffisamment voisin de s ; C définit une décomposition d'Alexander de F en deux éléments A, B ; soit A celui qui contient s ; A est un élément de $(\mathcal{F}_1/\mathcal{H}_1)^o_{(o,o)}$. Soit $t \longmapsto A_t$ un chemin dans $(\mathcal{F}_1/\mathcal{H}_1)^o_{(o,o)}$ vérifiant les conditions suivantes :

1°) A_t est constant en dehors d'un petit voisinage de s ;

2°) $A_{1/2} = A$;

3°) La cote du sommet de A_t est, au voisinage de la valeur $t = 1/2$, une fonction strictement croissante de t.

Supposons par exemple la décomposition (A , B) additive ; soit F_t l'élément de $\mathcal{F}_o/\mathcal{H}_o$ défini par : $\hat{F}_t = \hat{B} + \hat{A}_t$. Le chemin $t \longmapsto F_t$ traverse $(\mathcal{F}_o/\mathcal{H}_o)^1$ en F pour $t = 1/2$. Pour $t \neq 1/2$, on a d'après l'additivité de σ :

$$\sigma(F_t) = \sigma(B) + \sigma(A_t) \quad ;$$

donc, d'après la continuité de l'addition dans $\mathcal{R}$, la fonction $t \longmapsto \sigma(F_t)$ peut se prolonger en une fonction continue au voisinage de $t = 1/2$; la condition du 2° du lemme 7 du chapitre V est donc vérifiée en F.

2. <u>Deuxième cas</u>. F est un point de $(\mathcal{F}_o/\mathcal{H}_o)^1_\alpha$; autrement dit, F a un point critique non de Morse, qu'on note e.

La démonstration se fait par récurrence sur la complexité de F, notion dont la définition est analogue à celle donnée au § 4 du chapitre III dans le cas de $(\mathcal{F}_o/\mathcal{H}_o)^o$, à ceci près qu'on doit ici rajouter le point e à l'ensemble des cols. Autrement dit, i est le nombre de cols plus un ; un cercle C de F est dit essentiel s'il est situé dans un plan horizontal non tangent à F, et si, sur la composante de $F - C$ qui ne contient pas e, il y a au moins un col ; la définition de j est inchangée, et la complexité de F est le couple (i , j). Soit (A , B) une décomposition d'Alexander de F ; on suppose par exemple : $e \in A$. La complexité de B a été définie au § 1 ; on définit la complexité de A comme suit : c'est celle d'un "bon arrondi" $\tilde{A}$ de A ($\tilde{A}$ est un élément de $(\mathcal{F}_o/\mathcal{H}_o)^1_\alpha$). On a donc encore la notion de décomposition simplifiante de F ; il existe une telle décomposition dès que $i \geqslant 2$.

Si F est tel que $i = 1$, la continuité de σ en F a lieu par hypothèse : c'est la condition (**). Soient $i \geqslant 2$ et $j \geqslant 0$; supposons établie la continuité de σ en tout point de $(\mathcal{F}_o/\mathcal{H}_o)^1_\alpha$ de complexité strictement plus petite que (i , j) ; soit $F \in (\mathcal{F}_o/\mathcal{H}_o)^1_\alpha$, de complexité (i , j) ; on va démontrer la continuité de σ en F. On considère une décomposition simplifiante de F en deux éléments A et B ; on suppose que $e \in A$; soit V un petit voisinage de e ; soit $t \longrightarrow F_t$ un chemin traversant $(\mathcal{F}_o/\mathcal{H}_o)^1_\alpha$ en F pour $t = 1/2$, tel que $F_t \cap (R^3 - V)$ soit indépendant de t. Supposons par exemple la décomposition (A , B) additive : $\hat{F}_t$ est alors de la forme suivante :

$$\hat{F}_t = \hat{B} + \hat{A}_t \quad \text{avec} \qquad A_{1/2} = A .$$

Soit $\tilde{A}$ un bon arrondi de A, tel que $\hat{\tilde{A}}$ soit de la forme $\hat{A} \pm \hat{A}'$, avec $\hat{A}' \cap V = \emptyset$; posons $\hat{A}_t \pm \hat{A}' = \hat{\tilde{A}}_t$; ceci définit dans $\mathcal{F}_o/\mathcal{H}_o$ un chemin $t \longmapsto \tilde{A}_t$, qui traverse $(\mathcal{F}_o/\mathcal{H}_o)^1_\alpha$ au point $\tilde{A}$, dont la complexité est strictement plus petite que (i , j). Donc, d'après l'hypothèse de récurrence, la fonction $t \longrightarrow \sigma(\tilde{A}_t)$, définie pour $t \neq 1/2$, peut se prolonger en une fonction continue au voisinage de $t = 1/2$; il en est donc de même, d'après l'additivité de σ et la continuité de l'addition dans $\mathcal{R}$, des fonctions $t \longrightarrow \sigma(A_t)$ et $t \longmapsto \sigma(F_t)$; ceci achève la démonstration.

3. <u>Troisième cas</u>. F <u>est un point de</u> $(\mathcal{F}_o/\mathcal{H}_o)^1_\beta$ <u>où se croisent deux cols</u>.

La démonstration se fait par récurrence sur la <u>complexité</u> de F, notion dont la définition est, dans ce cas, exactement celle donnée au § 4 du chapitre III. Soit F un élément de $(\mathcal{F}_o/\mathcal{H}_o)^1_\beta$ tel que deux cols c et c' de F soient au même niveau ; soit (A , B) une décomposition d'Alexander de F. Deux cas peuvent se produire : ou bien la décomposition est "séparante", c'est à dire telle que c et c' appartiennent l'un à A, l'autre à B, dans ce cas A et B sont des éléments de $(\mathcal{F}/\mathfrak{H})^0$ dont la complexité a été définie au §1 ; ou bien c et c' appartiennent tous deux à l'un des éléments, par exemple A ; on définit alors la complexité de A à l'aide d'un "bon arrondi" $\tilde{A}$ (qui est un élément de $(\mathcal{F}_o/\mathcal{H}_o)^1_\beta$ où se croisent deux cols). On a donc encore la notion de décomposition simplifiante de F ; mais cette fois on ne peut affirmer l'existence d'une telle décomposition que pour $i \geqslant 3$. C'est pourquoi le cas $i = 2$ nécessite une étude particulière (de laquelle il résulte d'ailleurs qu'il n'existe pas de décomposition simplifiante dans ce cas).

Cas i = 2.

Le lemme suivant permet de classifier les configurations possibles :

Lemme. Soit $F \in \mathcal{F}_0/\mathcal{H}_0$. Soit P un plan horizontal, tangent ou non à F. Si P ∩ F n'est pas connexe, F possède un dehors de P au moins une singularité autre qu'un sommet.

Démonstration du lemme. Soit $[a , b]$ un intervalle contenant à son intérieur la cote de P. Si $[a , b]$ est assez petit, $(R^2 \times [a , b]) \cap F$ n'est pas connexe. On choisit a et b pour qu'il en soit ainsi et que, en plus, les plans horizontaux de cote a et b ne soient pas tangents à F ; l'intersection de chacun de ces plans avec F se compose alors d'un nombre fini de cercles. Si tous les points singuliers de F situés en dehors de $R^2 \times [a , b]$ étaient des sommets, $(R^2 \times [a , b]) \cap F$ s'obtiendrait en enlevant de F un nombre fini de disques ouverts disjoints, et par conséquent serait connexe, contrairement à l'hypothèse.

Application du lemme. Soit F un élément de $(\mathcal{F}_0/\mathcal{H}_0)^1$; on suppose que F a en tout deux cols, et que ces cols sont tous deux situés dans un plan horizontal P. D'après le lemme, P ∩ F est connexe ; P ∩ F est donc une courbe différentiable connexe, avec deux points de self-intersection transversale. La classification de ces courbes relativement aux difféomorphismes du plan, est la suivante :

Type I_a

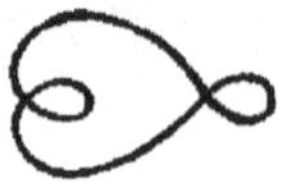

Type I_b

Type I_c

Type I_d

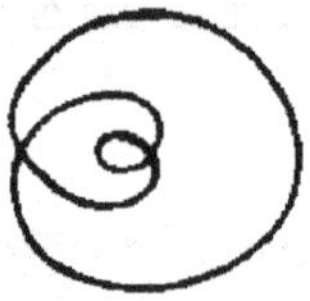

Type I_e

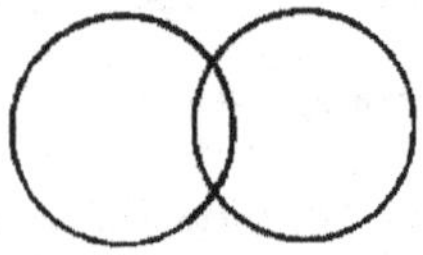

Type II

<u>Cas où</u> $P \cap F$ <u>est de l'un des types</u> I. Il existe alors sur $P \cap F$ une boucle L qui est minimale, c'est à dire telle que l'intérieur du disque D_P, que L borde dans P, ne rencontre pas F. L'un des disques que L borde sur F a pour unique singularité un sommet s ; on note ce disque D_F. Soit c le point anguleux de L ; le couple (c , s) est primitif (cf. chapitre V, § 2). Soit c' le second col de F. Soient V un voisinage de $\widehat{D_P \cup D_F}$ et W un voisinage de c' tels que $V \cap W$ soit vide ; on note :

$$F \cap V = A \quad ; \quad F \cap W = B \quad ; \quad F - (A \cup B) = H.$$

Soit $t \longmapsto F'_t$ un chemin dans $\mathcal{F}_o/\mathcal{H}_o$, de la forme :

$$F'_t = H \cup A \cup B_t \quad \text{avec} \quad B_t \subset W \text{ et } B_{1/2} = B \quad ;$$

tel que, pour $t \neq 1/2$, $F'_t \in (\mathcal{F}_o/\mathcal{H}_o)^0$ et que la cote du col c'_t de F'_t situé dans W soit fonction strictement croissante de t ; ce chemin traverse $(\mathcal{F}_o/\mathcal{H}_o)^1$ en F pour $t = 1/2$.

Soit $t \longmapsto F_t$ un chemin dans $\mathcal{F}_o/\mathcal{H}_o$ donné par le lemme 4 du chapitre V, de la forme :

$$F_t = H \cup A_t \cup B \quad \text{avec} \quad A_t \subset V \quad \text{et} \quad A_o = A ,$$

traversant $(\mathcal{F}_o/\mathcal{H}_o)^1_\alpha$ en un point, et tel que F_1 n'ait aucune singularité dans V ; d'après la condition 3° du lemme 4 du chapitre V, on peut supposer que le col c_t de F_t situé dans V varie dans un intervalle strictement compris entre la cote de c'_o et celle de c'_1.

Considérons l'application :

$$[0 , 1] \times [0 , 1] \ni (t , u) \longrightarrow H \cup A_t \cup B_u .$$

La restriction de cette application au bord du carré définit un lacet ℓ de point de base F, homotope à 0 dans $\mathcal{F}_o/\mathcal{H}_o$. Le lacet ℓ est à valeurs dans $(\mathcal{F}_o/\mathcal{H}_o)^o \cup (\mathcal{F}_o/\mathcal{H}_o)^1$, et sauf en F, ne passe en aucun point de $(\mathcal{F}_o/\mathcal{H}_o)^1$ où se croisent deux cols. Il en résulte (d'après l'étude faite ci-dessus des deux premiers cas) que le relèvement du lacet ℓ qui, au départ de F, est dans l'image de la section σ, est encore dans cette image au voisinage de l'extrémité. Puisque le lacet ℓ est homotope à 0 dans $\mathcal{F}_o/\mathcal{H}_o$, après avoir décrit ℓ on revient au-dessus de F dans le feuillet de départ ; donc la section σ est continue en F.

<u>Cas où</u> $P \cap F$ <u>est du type</u> II. On note $\mathcal{Z}$ le sous-espace de $(\mathcal{F}_o/\mathcal{H}_o)^1$ formé des éléments F (à deux cols, tous deux situés dans le plan horizontal P) tels que $P \cap F$ soit du type II. Soit $F \in \mathcal{Z}$; les demi-normales à F en ses deux cols, sortantes par rapport à $\hat{F}$, sont toutes deux dirigées dans le même sens (sans quoi F serait difféomorphe au tore $S^1 \times S^1$). On en déduit, en procédant comme au § 3 du cha-

pitre V, que $\mathcal{Z}$ a deux composantes connexes, qui se déduisent l'une de l'autre à l'aide de la symétrie autour d'un plan horizontal. Il résulte donc du 3° du lemme 7 du chapitre V qu'il suffit de vérifier la contimuité de σ en un point particulier de $\mathcal{Z}$.

Considérons la surface F_o d'équation :

$$(x^2 + y^2 + z^2)^2 - (x^2 + y^2 + z^2) - 9y^2z + z = 0.$$

F_o est un élément de $\mathcal{F}_o/\mathcal{H}_o$, ayant en tout deux cols c et c', tous deux situés dans le plan $z = 1/4$; l'intersection de F_o avec ce plan se compose de deux cercles ; F_o est stable pour la symétrie d'axe Oz, qui échange c et c', ainsi que deux sommets s et s' et F_o. Soient V un voisinage de s, W un voisinage de c ; on note V' et W' les symétriques respectifs de V et W par rapport à Oz. On choisit V et W assez petits pour que V, V', W et W' soient disjoints, et pour que les projections de V et W sur Oz soient disjointes. On note :

$$F_o \cap V = A \quad ; \quad F_o \cap V' = A' \quad ;$$

$$F_o \cap W = B \quad ; \quad F_o \cap W' = B' \quad ;$$

$$F_o - (A \cup A' \cup B \cup B') = H \quad .$$

On considère deux chemins dans $\mathcal{F}_o/\mathcal{H}_o$:

$$t \longmapsto F_t = H \cup A_t \cup A' \cup B \cup B' \quad \text{avec} \quad A_t \subset V \quad \text{et} \quad A_o = A \quad ;$$

et

$$t \longmapsto \tilde{F}_t = H \cup A \cup A' \cup B_t \cup B' \quad \text{avec} \quad B_t \subset W \quad \text{et} \quad B_o = B \quad .$$

On suppose que F_t a, dans V, pour singularité unique un sommet s_t, dont la cote soit fonction strictement croissante de t ; F_1 est alors un élément de $\mathcal{Z}$. On suppose que $\tilde{F}_t$ a, dans W, pour unique singularité un col c_t, dont la cote soit fonction strictement croissante de t. On note A'_t le symétrique de A_t par rapport à Oz, B'_t celui de B_t. On considère les chemins suivants dans $\mathcal{F}_o/\mathcal{H}_o$:

$$t \longmapsto H \cup A_1 \cup A' \cup B_t \cup B' \quad ;$$

$$t \longmapsto \rho_t(H \cup A_1 \cup A' \cup B_1 \cup B') \quad \text{(où } \rho_t \text{ désigne la rotation d'angle } t\pi \text{ autour de } Oz) \; ;$$

$$t \longmapsto H \cup A_t \cup A'_{1-t} \cup B \cup B'_1 \quad ;$$

$$t \longmapsto H \cup A_1 \cup A' \cup B \cup B'_{1-t} \quad .$$

L'origine de chacun de ces chemins est l'extrémité du précédent ; leur composé est un lacet ℓ de point de base F_1 dans $\mathcal{F}_o/\mathcal{H}_o$. Le lacet ℓ prend ses valeurs dans $(\mathcal{F}_o/\mathcal{H}_o)^o \cup (\mathcal{F}_o/\mathcal{H}_o)^1$, et sauf en F_1 ne passe en aucun point de $(\mathcal{F}_o/\mathcal{H}_o)^1$ où se croisent deux cols. Tout revient donc (comme on l'a vu pour le type I) à montrer que ℓ est homotope à 0 dans $\mathcal{F}_o/\mathcal{H}_o$. Or ℓ est homotope au lacet ℓ', de point de base F_o, défini par $t \longmapsto \rho_t(F_o)$. Soit, pour $\lambda \in [0, 1]$, F'_λ la surface d'équation :

$$(x^2 + y^2 + z^2)^2 - (x^2 + y^2 + z^2) - 9\lambda y^2 z + z = 0 \quad ;$$

il est facile de voir que pour tout $\lambda \in [0, 1]$, F'_λ est un élément de $\mathcal{F}_o/\mathcal{H}_o$. Soit ℓ'_λ le chemin $t \longmapsto \rho_t(F'_\lambda)$; c'est un lacet de point de base F'_λ, car F'_λ est symétrique par rapport à Oz. Or, d'une part $\ell'_1 = \ell'$; et d'autre part ℓ'_o est un lacet ponctuel, car F'_o est de révolution par rapport à Oz ; donc ℓ' est homotope à 0 dans $\mathcal{F}_o/\mathcal{H}_o$; il en est donc de même de ℓ.

<u>Cas</u> $i \geqslant 3$. Soient $i \geqslant 3$ et $j \geqslant 0$; supposons établie la continuité de σ en tout point de $(\mathcal{F}_o/\mathcal{H}_o)^1_\beta$ où se croisent deux cols, et où la complexité est strictement plus petite que (i , j). Soit F un point de complexité (i , j) où se croisent deux cols ; il existe une décomposition d'Alexander simplifiante de F ; s'il en existe une qui soit séparante, on raisonne comme dans le premier cas ci-dessus (cf. n° 1) ; sinon, on raisonne comme dans le deuxième cas (cf. n° 2).

Appendice. Théorèmes de fibration des espaces de plongements ; applications.

Les § 1 et 2 contiennent l'énoncé et les grandes lignes de la démonstration des théorèmes de fibration des espaces de plongement. Les § 3, 4 et 5 contiennent diverses applications, notamment une démonstration du théorème de SMALE sur Diff S^2 utilisé au chapitre I, § 2.

§ 1. Les théorèmes de fibration des espaces de plongements.

On considère des espaces de fonctions de classe C^∞, de source une variété V à bord anguleux(1), et de but une variété W ; on suppose que la source V est compacte (c'est le cas dans toutes les applications qu'on a en vue), et on munit les espaces fonctionnels de la topologie C^∞ (cf. [7], exposé 4, page 3).

Dans ce paragraphe, afin d'obtenir des énoncés ayant le maximum de simplicité, on se borne au cas où le but W est sans bord ; on indiquera plus loin (cf. § 2, 3°) comment les énoncés doivent être modifiés lorsque W a un bord non vide.

On note Pl(V , W) l'espace des plongements de classe C^∞ de la variété V dans la variété W.

(1) On trouvera la définition précise d'une variété à bord anguleux ("manifold with corners") en [7], exposé 1, p. 2.

Théorème 1. *Soient V une variété compacte (à bord anguleux), W une variété sans bord ; soit M une sous-variété fermée de V ; l'application canonique*

$$Pl(V, W) \longrightarrow Pl(M, W)$$

est une fibration localement triviale ([2]).

Théorème 2. *Soient V, W, M comme ci-dessus ; soit f_o un plongement de V dans W ; on identifie V à son image dans W ; on note Pl(V, W ; M) l'espace des plongements de V dans W qui induisent l'identité sur M. Soit r un entier ≥ 1 (ou éventuellement $r = \infty$) ; on note $J^r_M Pl(V, W ; M)$ l'espace des r-jets le long de M de ces plongements, muni de la topologie naturelle des espaces de jets* ([3]). *L'application canonique :*

$$Pl(V, W ; M) \longrightarrow J^r_M Pl(V, W ; M)$$

est une fibration localement triviale.

Théorème 3. *Soient V et W comme au théorème 1. Soit $\mathcal{G}$ un sous-groupe du groupe de tous les difféomorphismes de V. $\mathcal{G}$ opère à droite dans Pl(V, W), et y détermine*

([2]) On rappelle que si E et B sont deux espaces topologiques et p une application continue : E $\longrightarrow$ B, on dit que p est une *fibration localement triviale* si pour tout $x_o \in B$ il existe un voisinage $\mathcal{V}$ de x_o tel que $p^{-1}(\mathcal{V})$ soit homéomorphe à $\mathcal{V} \times p^{-1}(x_o)$ de façon compatible avec les projections que $\mathcal{V}$; on notera que la fibre située au-dessus d'un point dépend en général de la composante connexe de ce point ; elle peut être vide, autrement dit p n'est pas supposée surjective.

([3]) On rappelle que le r-jet le long de M d'une application de V dans W est la classe d'équivalence définie dans $Hom^{\infty}(V, W)$ par la relation "être tangents jusqu'à l'ordre r le long de M " (cf. [7], II, 3).

une structure d'espace fibré principal (au sens de [6], exposé 8). Si en plus $\mathcal{G}$ *est ouvert, alors l'application canonique :*

$$Pl(V\ ,\ W) \longrightarrow Pl(V\ ,\ W)/\mathcal{G}$$

est une fibration localement triviale.

La démonstration de ces trois théorèmes se fait suivant le même principe ; on utilise le lemme suivant, qui permet de se ramener à montrer l'existence de sections locales pour les opérations d'un groupe dans un espace.

Lemme 1. *Soient* E *et* B *deux espaces topologiques,* p *une application continue :* E $\longrightarrow$ B. *Pour que* p *soit une fibration localement triviale, il suffit que pour tout* $x_0 \in B$ *il existe un groupe topologique* G *opérant à gauche dans* E *et dans* B *de façon que le diagramme :*

$$\begin{array}{ccc} G \times E & \longrightarrow & E \\ {\scriptstyle \text{identité} \times p}\downarrow & & \downarrow{\scriptstyle p} \\ G \times B & \longrightarrow & B \end{array}$$

soit commutatif, et que l'application : $g \longmapsto g.x_0$ *de* G *dans* B *ait une section continue au voisinage de* x_0.

Démonstration du lemme 1. Soit F_0 la fibre de E située au-dessus de x_0. Soit $\mathcal{V}$ un voisinage de x_0 tel qu'il existe au-dessus de $\mathcal{V}$ une section continue pour l'application $g \longmapsto g.x_0$; il existe alors une application continue $\sigma : \mathcal{V} \longrightarrow G$ telle que, pour tout $x \in \mathcal{V}$, $\sigma(x).x_0 = x$; l'application :

$$p^{-1}(\mathcal{V}) \ni z \longmapsto (p(z)\ ,\ (\sigma \circ p(z))^{-1}.z) \in \mathcal{V} \times F_0$$

est alors un homéomorphisme, car elle a une application réciproque continue, à savoir :

$$\mathcal{V} \times F_0 \ni (x , y) \longmapsto (\sigma(x)).y \in p^{-1}(\mathcal{V}).$$

<u>Application du lemme 1 à la démonstration des théorèmes de fibration.</u>

Théorème 1. Soit $k_0 \in Pl(M , W)$; on identifie M à son image par k_0 ; soit T un voisinage tubulaire fermé de M dans W ; on note $\mathcal{H}$ le groupe des difféomorphismes de W qui induisent l'identité sur $W - T$. Le groupe $\mathcal{H}$ opère à gauche dans $Pl(V , W)$ et $Pl(M , W)$ de façon compatible avec l'application canonique du premier espace sur le second ; d'après le lemme 1, on est ramené à montrer qu'il existe un voisinage $\mathcal{V}$ de k_0 dans $Pl(M , W)$ et une application continue $\sigma : \mathcal{V} \longrightarrow \mathcal{H}$, tels que $\sigma(k) \circ k_0 = k$ pour tout $k \in \mathcal{V}$. Autrement dit, $\sigma(k)$ doit être un difféomorphisme de W (à "support" dans T) <u>prolongeant</u> k. Or, à l'aide de la théorie de Whitney sur le prolongement des fonctions différentiables, on montre facilement qu'il existe au voisinage de k_0 une application continue : $k \longrightarrow \sigma'(k) \in Hom(W , W ; W - T)$, telle que $\sigma'(k)$ soit un prolongement de k, et $\sigma'(k_0) = e$; donc, pour k assez voisin de k_0, $\sigma'(k)$ est voisin de e ; c'est donc un difféomorphisme (cf. [7], exposé 5, corollaire 2, p. 3 ; ou [2], II, 1.4.2, p. 287).

Théorème 2. Le rôle du groupe G du lemme 1 est joué ici par le groupe des difféomorphismes de W qui induisent l'identité sur M et sur le complémentaire d'un voisinage fixe de M dans W (pour la démonstration du théorème d'existence de sections locales, auquel on se trouve ramené, cf. [2], II, 3.2 et 3.3).

Théorème 3. On se borne à démontrer la deuxième assertion (locale trivialité lorsque est ouvert). On note $Pl(V , W) = \mathcal{E}$; soit $f_0 \in \mathcal{E}$; on identifie V à son image par f_o. Soient T un voisinage tubulaire fermé de V dans W, et $\mathcal{H}$ le groupe des difféomorphismes de W qui induisent l'identité sur $W - T$. Le groupe $\mathcal{H}$ opère à gauche dans $\mathcal{E}$, et ces opérations passent au quotient dans $\mathcal{E}/\mathcal{G}$ (puisque $h.(f.g) = (h.f).g$), de sorte qu'ici encore $\mathcal{H}$ joue le rôle du groupe G du lemme 1. D'après ce lemme, on est donc ramené à ceci : soit $\dot{f}_o$ l'image de f_o dans $\mathcal{E}/\mathcal{G}$; il existe une section continue au voisinage de $\dot{f}_o$ pour l'application $h \longrightarrow h.\dot{f}_o$. Or, en [2], II, 2.4.4, on a établi le résultat suivant (qui servait à donner une démonstration du premier théorème de fibration n'utilisant pas la théorie du prolongement de Whitney) :

<u>Lemme</u> 2. <u>Avec les notations ci-dessus, il existe un voisinage</u> $\mathcal{V}$ <u>de</u> f_o <u>dans</u> $\mathcal{E}$ <u>et une application</u> $\tau : \mathcal{V} \longrightarrow \mathcal{H}$, <u>tels que</u> :

(i) $\tau(f_o) = e$;

(ii) <u>pour tout</u> $f \in \mathcal{V}$, $\tau(f).f$ <u>est de la forme</u> $f_o.g$, <u>où</u> g <u>est un difféomorphisme de</u> V ;

(iii) <u>pour tout</u> $f \in \mathcal{V}$, <u>et pour tout difféomorphisme</u> g <u>de</u> V <u>tel que</u> $f.g \in \mathcal{V}$, $\tau(f.g) = \tau(f)$.

Appliquons ce lemme. La relation d'équivalence définie par $\mathcal{G}$ sur $\mathcal{E}$ étant ouverte, l'image $\dot{\mathcal{V}}$ de $\mathcal{V}$ dans $\mathcal{E}/\mathcal{G}$ est un voisinage ouvert de $\dot{f}_o$ dans $\mathcal{E}/\mathcal{G}$, et la topologie de $\dot{\mathcal{V}}$ est la topologie quotient de celle de $\mathcal{V}$ pour la relation d'équivalence induite ; donc, d'après (iii), τ passe au quotient et définit une application continue $\dot{\tau} : \dot{\mathcal{V}} \longrightarrow \mathcal{H}$. D'après (i) et (ii), pour f assez voisin de f_o, $\tau(f).f$ s'identifie à un difféomorphisme de V qui est voisin de l'identité, donc, puisque est ouvert, à un élément de $\mathcal{G}$. Donc pour f assez voisin de f_0 , $\dot{t}(f).\dot{f} = \dot{f}_0$; donc $\dot{t}^{-1}$ fournit la section cherchée.

§ 2. Quelques compléments relatifs aux théorèmes 1 et 2.

1°) On peut donner un énoncé qui généralise à la fois le théorème 1 et le théorème 2 (et qui est une conséquence immédiate des théorèmes d'existence de sections locales utilisés pour démontrer ces théorèmes ; cf. [2], théorème 6', p. 319).

Théorème 2'. Soient V , W , M comme dans l'énoncé du théorème 1 ; soit r un entier $\geqslant 1$ (ou éventuellement $r = \infty$). L'application canonique :

$$\mathrm{Pl}(V , W) \longrightarrow J^r_M \, \mathrm{Pl}(V , W)$$

est une fibration localement triviale.

2°) Fibration de certains sous-espaces de $\mathrm{Pl}(V , W)$.

Les deux théorèmes suivants, analogues au théorème 1, donnent des fibrations de certains sous-espaces de $\mathrm{Pl}(V , W)$:

Théorème 1.a. Soient V , W , M , f_0 , r comme dans l'énoncé du théorème 2 ; soit L un fermé de M ; soit N un "tube local"[4] normal à M dans V, d'âme L ; on note $\mathrm{Pl}(V , W ; J^r_N)$ l'espace des plongements de V dans W qui sont r-tangents à f_0 le long de N ; l'application canonique :

$$\mathrm{Pl}(V , W ; J^r_N) \longrightarrow \mathrm{Pl}(M , W ; J^r_L)$$

est une fibration localement triviale.

---

(4) C'est-à-dire une partie de V telle qu'il existe un voisinage $\mathcal{V}$ de M dans V et un tube T normal à M dans V, d'âme L, tels que

$$\mathcal{V} \cap N = \mathcal{V} \cap T .$$

__Théorème__ 1.b. __Soient__ V , W , M , f_o , r , L __comme ci-dessus__ ; __on suppose en plus que__ dimension M = dimension V, __et que__ $\overline{V - M}$ __est une sous-variété de__ V, __qu'on note__ M' ; __on note__ $M \cap M' = Q$. __Soit__ N __un tube local__(4) __normal à__ Q __dans__ M', __d'âme__ $L \cap Q$; __l'application canonique__ :

$$Pl(V , W ; J^r_{L \cup N}) \longrightarrow Pl(M , W ; J^r_L)$$

__est une fibration localement triviale.__

Les théorèmes 1.a et 1.b sont des cas particuliers d'un théorème de [2] (corollaire 2 du théorème 5', p. 298), qui se démontre à l'aide d'un théorème d'existence de sections locales analogue à celui utilisé ci-dessus pour démontrer le théorème 1.

On utilise également le théorème suivant, analogue au théorème 2 (et qui est un cas particulier du corollaire du théorème 6" de [2], p. 321) :

__Théorème__ 2.a. __Soient__ V , W , M , f_o , r , L , N __comme dans l'énoncé du théorème__ 1.a; __on note__ $Pl(V , W ; M ; J^r_N)$ __l'espace des plongements de__ V __dans__ W __qui coïncident avec__ f_o __sur__ M __et sont__ r-__tangents à__ f_o __le long de__ N. __L'application canonique__

$$Pl(V , W ; M ; J^r_N) \longrightarrow J^r_M \, Pl(V , W ; M ; J^r_N)$$

__est une fibration localement triviale.__

3°) __Cas où__ W __a un bord non vide.__

Dans le cas où, toutes les autres hypothèses restant les mêmes, on suppose que W est une variété à bord (anguleux), on a des théorème analogues aux théorèmes 1 et 2 pour les espaces de plongements ayant des "__relations d'incidence__" (5) __données__. Par exemple, le théorème 1 se généralise comme suit :

(5) Cf. [2], exposé 2, définition 3, p. 2

"*Soient* V , W , M , f_o *comme dans l'énoncé du théorème* 2 ; *soit* k_o *l'injection de* M *dans* W ; *on note* $Pl(V , W ; f_o)$ *l'espace des plongements de* V *dans* W *ayant mêmes relations d'incidence que* f_o. *L'application canonique* :

$$Pl(V , W ; f_o) \longrightarrow Pl(M , W ; k_o)$$

est une fibration localement triviale."

Les théorèmes 2, 2', 1.a, 1.b, 2.a ci-dessus admettent des généralisations analogues. Du théorème 2.a ainsi généralisé on déduit immédiatement la proposition suivante :

Proposition 1. *Soit* V *une variété compacte, à bord anguleux, dont toutes les faces de codimension* 1 *soient des sous-variétés* ; *soit* M *une partie du bord* ∂V *de* V *qui soit réunion de telles faces* ; *on note* $Diff(V ; \partial V ; J^r_M)$ *le groupe des difféomorphismes de* V *qui induisent l'identité sur* ∂V *et qui sont tangents d'ordre* r *à l'identité le long de* M. *L'application canonique* :

$$\pi_i(Diff(V ; J^r_{\partial V})) \longrightarrow \pi_i(Diff(V ; \partial V ; J^r_M))$$

est un isomorphisme pour tout $i \geqslant 0$.

Cas particulier. L'application canonique

$$\pi_i(Diff(V ; J^r_{\partial V})) \longrightarrow \pi_i(Diff(V ; \partial V))$$

est un isomorphisme pour tout $i \geqslant 0$.

§ 3. *Espaces de plongements et arrondissement des arêtes.*

Soit V une variété compacte ; supposons d'abord que V soit *à bord lisse* ; soit T un voisinage tubulaire dans V du bord ∂V de V ; T est difféomorphe à $\partial V \times [0 , 1]$. Soit ρ un difféomorphisme de $[0 , 1]$ sur $[1/3 , 1]$ qui induise l'identité sur

$[2/3\ ,\ 1]$; on choisit une trivialisation de T, et on pose, pour tout $\lambda \in [0\ ,\ 1]$,

(1) $$g_\lambda(x\ ,\ \xi) = (x\ ,\ (1-\lambda)\xi + \lambda\rho(\xi)) \quad \text{pour} \quad (x\ ,\ \xi) \in \partial V \times [0\ ,\ 1]$$

g_λ définit un plongement de T dans T, qui se prolonge canoniquement en un plongement de V dans V, qu'on note encore g_λ, et qui vérifie :

a. g_λ dépend continuement de λ ;

b. g_0 = identité ;

c. pour tout λ, g_λ induit l'identité sur $V - T$;

d. $\lambda' < \lambda$ entraîne : $g_{\lambda'}(V) \subset g_\lambda(V)$.

Supposons maintenant que V ait un bord anguleux ; ∂V possède alors un "voisinage prismatique" T dans V ; cette notion est définie de façon précise dans [1], page 250 ; on peut dire de façon heuristique que "T est un fibré généralisé" de base ∂V ; la "fibre" située au-dessus d'un point x intérieur à une face de dimension q de V est l'image d'un plongement $[0\ ,\ 1]^{n-q} \to V$ qui envoie l'origine en x, et qui est bien déterminé, à une permutation près du cube $[0\ ,\ 1]^{n-q}$, par la donnée de T. En prolongeant le difféomorphisme ρ ci-dessus de façon naturelle à $[0\ ,\ 1]^{n-q}$, on peut encore définir à l'aide de la formule (1) appliquée dans un système convenable de cartes définissant T, une famille (g_λ) de plongements de V dans V ayant les propriétés (a) , (b) , (c) , (d) ci-dessus (pour les détails, cf. [2], p. 297).

Soit maintenant X une arête de V (cf. [7], exposé 3, p. 1) ; la partie T_X de T située au-dessus de X est un fibré de base X, de fibre $[0\ ,\ 1] \times [0\ ,\ 1]$, de groupe structural $\mathbb{Z}_2$ (opérant par la symétrie diagonale). Soit A la partie de

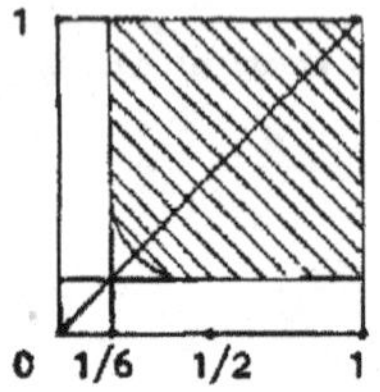

$[0, 1] \times [0, 1]$ hachurée sur la figure ci-contre (A est <u>convexe</u>, limitée par une courbe de classe C^{∞}, symétrique par rapport à la diagonale, et contient le segment $[1/2, 1] \times \{1/6\}$). La donnée de A et de T_X définit une partie A_X de T_X ; soit V' la partie de V définie par :

$$\begin{cases} V' \cap T_X = A_X \\ V' \cap (V - T_X) = (g_{1/2}(V)) \cap (V - T_X) \end{cases}$$

V' est une sous-variété de l'intérieur de V, difféomorphe à la variété obtenue à partir de V en arrondissant X (cf. [7], exposé 3, p. 1 et 2). Pour tout $x \in X$, la restriction de g_λ à la fibre T_x de T située au-dessus de x est définie (après identification de T_x à $[0, 1] \times [0, 1]$) par

$$g_\lambda(\xi_1, \xi_2) = (\rho_\lambda(\xi_1), \rho_\lambda(\xi_2)) \quad ;$$

or $\rho_\lambda(\xi) \geqslant \xi$ pour tout $\xi \in [0, 1]$; donc, d'après la convexité de A, (g_λ) vérifie

e. pour tout $\lambda \in [0, 1]$, $g_\lambda(V') \subset V'$.

<u>Comparaison du groupe des difféomorphismes d'une variété et de son arrondie.</u>

On conserve les notations ci-dessus ; on note en plus $g_1(V) = V''$ (c'est une sous-variété de l'intérieur de V', difféomorphe à V). On note $\mathfrak{G}$ (resp. $\mathfrak{G}'$, resp. $\mathfrak{G}''$) le groupe des difféomorphismes de V (resp. V', resp. V'') qui sont tangents d'ordre infini à l'identité le long de ∂V (resp. $\partial V'$, resp. $\partial V''$).

On a d'une part des applications canoniques (définies par prolongement par l'application identique)

$$\alpha : \mathcal{G}' \longrightarrow \mathcal{G} \quad ; \quad \alpha' : \mathcal{G}'' \longrightarrow \mathcal{G}' .$$

D'autre part, on définit un homéomorphisme $\beta : \mathcal{G} \longrightarrow \mathcal{G}''$, en posant, pour tout $f \in \mathcal{G}$:

$$\beta(f) = g_1 \circ f \circ g_1^{-1} .$$

L'application $\alpha \circ \alpha' \circ \beta$ de $\mathcal{G}$ dans $\mathcal{G}$ est homotope à l'application identique de $\mathcal{G}$, car si on pose, pour $\lambda \in [0 , 1]$:

$$\gamma_\lambda(f) = \begin{cases} g_\lambda \circ f \circ g_\lambda^{-1} & \text{sur} \quad g_\lambda(V) \\ \text{identité} & \text{sur} \quad V - g_\lambda(V) \end{cases}$$

on a : $\gamma_0(f) = f$, et $\gamma_1(f) = \alpha \circ \alpha' \circ \beta(f)$.

L'application $\alpha' \circ \beta \circ \alpha$ de $\mathcal{G}'$ dans $\mathcal{G}'$ est homotope à l'application identique de $\mathcal{G}'$, car d'après la condition (e), pour tout $f' \in \mathcal{G}'$ et tout $\lambda \in [0 , 1]$, $\gamma_\lambda(\alpha(f'))$ induit l'identité sur $V - V'$; or $\gamma_0(\alpha(f'))|V' = f$, et $\gamma_1(\alpha(f'))|V' = \alpha' \circ \beta \circ \alpha(f')$.

On peut donc énoncer :

<u>Proposition</u> 2. <u>Soient</u> V <u>une variété compacte,</u> X <u>une arête de</u> V, V' <u>une variété définie à partir de</u> V <u>en arrondissant</u> X. <u>Soit</u> $\mathcal{G}$ <u>(resp.</u> $\mathcal{G}'$<u>) le groupe des difféomorphismes de</u> V <u>(resp.</u> V'<u>) qui sont tangents d'ordre infini à l'identité le long de</u> ∂V <u>(resp.</u> $\partial V'$<u>). Les groupes</u> $\mathcal{G}$ <u>et</u> $\mathcal{G}'$ <u>ont même type d'homotopie.</u>

Plongements d'une sous-variété et de son arrondie.

On suppose maintenant que V est une sous-variété fermée d'une variété compacte W ; au lieu du bord ∂V de V, on considère cette fois son <u>bord relatif</u> ∂V_W (cf. [7], exposé 1, p. 5) ; on prend pour T un voisinage prismatique de ∂V_W dans V, et on définit comme ci-dessus, pour tout $\lambda \in [0, 1]$, un plongement g_λ de V dans W, vérifiant les conditions (a), (b), (c) et (d) ci-dessus, et ayant mêmes relations d'incidence que l'injection de V dans W ; d'après le théorème 1 (appliqué dans le cas où W a un bord, cf. ci-dessus, § 2, 3°), chaque g_λ se prolonge en un difféomorphisme de W, vérifiant encore les conditions (a), (b), (c), (d).

Soit alors X une arête de l'intérieur de ∂V_W ; la donnée de T et de la partie A de $[0, 1] \times [0, 1]$ définie ci-dessus, définit une sous-variété V' de V.

<u>Définition</u>. On dit que la sous-variété V' de W définie par le procédé ci-dessus est obtenue à partir de V en arrondissant X (à l'aide de ρ, T et A).

(On notera que V' est contenue dans l'intérieur relatif de V ; si $\tilde{V}'$ est la sous-variété de W obtenue à partir de V en arrondissant X à l'aide de $\tilde{\rho}$, $\tilde{T}$ et $\tilde{A}$, $\tilde{V}'$ se déduit de V' par une isotopie de V.)

Comme ci-dessus, V' vérifie, relativement à g_λ, la condition (e) ; on note encore : $g_1(V) = V''$. Soit $\mathcal{E}$ (resp. $\mathcal{E}'$, resp. $\mathcal{E}''$) l'espace des plongements de V (resp. V', resp. V'') dans W qui ont mêmes relations d'incidence que l'injection, et qui sont tangents d'ordre infini à l'injection le long de $V \cap \partial W$ (resp. $V' \cap \partial W$, resp. $V'' \cap \partial W$). On a d'une part des applications canoniques (définies par la restriction)

$$\alpha : \mathcal{E} \longrightarrow \mathcal{E}' \quad ; \quad \alpha' : \mathcal{E}' \longrightarrow \mathcal{E}'' \quad ;$$

et d'autre part on définit une application continue $\beta : \mathcal{E}'' \longrightarrow \mathcal{E}$, en posant, pour tout $f'' \in \mathcal{E}''$:

$$\beta(f'') = g_1^{-1} \circ f'' \circ g_1 | V \quad .$$

L'application $\beta \circ \alpha' \circ \alpha$ de $\mathcal{E}$ dans $\mathcal{E}$ est homotope à l'application identique de $\mathcal{E}$; car d'après (d), $g_\lambda^{-1} \circ f \circ g_\lambda | V$ a un sens pour tout $f \in \mathcal{E}$ et tout $\lambda \in [0 , 1]$; c'est un élément de $\mathcal{G}$ qu'on note f_λ ; il vérifie : $f_0 = f$, $f_1 = \beta \circ \alpha' \circ \alpha(f)$.

L'application $\alpha \circ \beta \circ \alpha'$ de $\mathcal{E}'$ dans $\mathcal{E}'$ est homotope à l'application identique de $\mathcal{E}'$; car d'après (e), $g_\lambda^{-1} \circ f' \circ g_\lambda | V'$ a un sens pour tout $f' \in \mathcal{E}'$ et tout $\lambda \in [0 , 1]$; c'est un élément de $\mathcal{G}'$ qu'on note f'_λ ; il vérifie :

$$f'_0 = f' \quad , \quad f'_1 = \alpha \circ \beta \circ \alpha'(f') \ .$$

On peut donc énoncer :

Proposition 2'. Soient W une variété compacte (à bord anguleux) et V une sous-variété fermée de W. Soit X une arête de V située dans l'intérieur du bord relatif ∂V_W de V. Soit V' une sous-variété de W obtenue à partir de V en arrondissant X. Soit $\mathcal{E}$ (resp. $\mathcal{E}'$) l'espace des plongements de V (resp. V') dans W qui ont mêmes relations d'incidence que l'injection et qui sont tangents d'ordre infini à l'injection le long de $V \cap \partial W$ (resp. $V' \cap \partial W$). L'application canonique $\mathcal{E} \longrightarrow \mathcal{E}'$ (définie par la restriction) est une homotopie-équivalence.

§ 4. Variétés avec arêtes rentrantes.

A partir du chapitre III, on a été conduit à utiliser des variétés d'un type un peu plus général que les variétés à bord anguleux définies en [7] : on a considéré des variétés différentiables ayant sur leur bord, outre les singularités habituelles, des "arêtes rentrantes". Soit M une telle variété, de dimension n ; en un point d'une arête rentrante de M, il existe une carte locale dont le modèle soit le complémentaire de la partie $\{x_n > 0 , x_{n-1} > 0\}$ de R^n. La variété M s'identifie donc au voisinage de chacun de ses points soit à une variété à bord anguleux au sens de [7], soit à l'adhérence du complémentaire dans R^n d'une telle variété. Il en résulte que le bord de M possède encore un "voisinage prismatique" ; on peut donc comme au §3 définir l'arrondie M' de M comme une sous-variété de M, et généraliser les autres résultats du § 3, notamment la proposition 2 (resp. 2') d'après laquelle les groupes de difféomorphismes avec bord fixe (resp. les espaces de plongements) de M et M' ont même type d'homotopie.

Soit M une variété au sens ci-dessus, telle que l'arrondie M' de M soit difféomorphe à D^n ; cela entraîne évidemment que M est homéomorphe à D^n. Un certain nombre de propriétés simples de D^n sont encore vraies pour M, en particulier le "théorème d'isotopie" :

Soit M une variété orientée dont l'arrondie soit difféomorphe à D^n ; soit V une variété connexe, orientée, de dimension n : soient f et f' deux plongements de M dans $V - \partial V$ ayant même orientation ; il existe une isotopie γ de V, induisant l'identité sur ∂V, telle que $\gamma . f' = f$.

[En effet, l'espace des plongements de D^n dans $V - \partial V$ qui ont une orientation donnée, par exemple positive, est connexe (c'est un cas particulier de la proposition 3 ci-dessous) ; d'après la proposition 2' ce résultat est encore vrai si on remplace D^n par M. La propriété annoncée en résulte, par un raisonnement classique utilisant le théorème 1.]

§ 5. <u>Application aux groupes d'homotopie de quelques espaces de plongements. Théorème de Smale sur le groupe des difféomorphismes de la sphère</u> S^2.

<u>Proposition</u> 3. <u>Soit</u> V <u>une variété compacte de classe</u> C^∞, <u>sans bord, de dimension</u> n. <u>Soit</u> p <u>un entier</u> $\leq$ n. <u>Les groupes d'homotopie de l'espace des plongements de classe</u> C^∞ <u>de</u> D^p <u>dans</u> V <u>sont canoniquement isomorphes à ceux de l'espace des p-repères de l'espace tangent à</u> V.

<u>Démonstration</u>. L'application qui à tout plongement de D^p dans V associe son 1-jet à l'origine est une fibration localement triviale d'après le théorème 2'. La base de cette fibration s'identifie à l'espace des p-repères de l'espace tangent à V ; sa fibre est acyclique en toute dimension d'après [2], proposition 8, page 336.

<u>Proposition</u> 4. <u>Soit</u> $\mathcal{H}$ <u>le groupe des difféomorphismes de</u> D^n <u>qui sont tangents d'ordre infini à l'application identique le long de</u> S^{n-1} ; <u>pour tout</u> $i \geq 0$, <u>il existe un isomorphisme canonique</u> :

$$\pi_i(\mathrm{Diff}\ S^n) \approx \pi_i(\mathcal{H}) \oplus \pi_i(SO(n+1)) \quad .$$

<u>Démonstration</u>. Soit S^n_+ l'hémisphère nord de S^n ; considérons l'application canonique :

(1) $$\text{Diff } S^n \longrightarrow \text{Pl}(S^n_+ , S^n) \quad .$$

C'est une fibration localement triviale d'après le théorème 1 ; les groupes d'homotopie de la fibre sont canoniquement isomorphes à ceux de $\mathcal{H}$, ceux de la base sont canoniquement isomorphes à ceux de $SO(n + 1)$ d'après la proposition 3. D'où la suite exacte canonique :

$$\ldots \longrightarrow \pi_i(\mathcal{H}) \longrightarrow \pi_i(\text{Diff } S^n) \xrightarrow{\varpi_i^*} \pi_i(SO(n + 1)) \longrightarrow \pi_{i-1}(\mathcal{H}) \longrightarrow \ldots$$

Cette suite exacte se décompose, car l'application canonique $\pi_i(SO(n + 1)) \to \pi_i(\text{Diff } S^n)$, définie par l'inclusion, est une section pour l'application ϖ_i^*.

Proposition 5. Soit $\mathcal{H}$ comme ci-dessus (proposition 4). Soit $\mathcal{A}$ l'espace des plongements de l'équateur D^{n-1} de D^n dans D^n, qui sont tangents d'ordre infini à l'injection le long du bord S^{n-2} de D^{n-1}. Pour tout $i \geqslant 0$, il existe un isomorphisme canonique :

$$\pi_i(\mathcal{H}) \approx \pi_{i+1}(\mathcal{A}).$$

Démonstration. Soit D^n_+ la demi-boule fermée nord de D^n. Soit $\mathcal{C}$ l'espace des plongements de D^n_+ dans D^n qui sont tangents d'ordre infini à l'injection le long de $D^n_+ \cap S^{n-1}$; soit T un voisinage tubulaire de $D^n_+ \cap S^{n-1}$ dans D^n_+ ; d'après la proposition 2', les groupes d'homotopie de $\mathcal{C}$ sont canoniquement isomorphes à ceux de l'espace des plongements de T dans D^n qui sont tangents d'ordre infini à l'injection le long de $T \cap S^{n-1}$; et ces derniers groupes sont nuls d'après [2], corollaire 4, page 333 ; donc $\pi_i(\mathcal{C}) = 0$ pour tout $i \geqslant 0$. D'après le théorème 1.a, l'application canonique $\mathcal{C} \longrightarrow \mathcal{A}$ est une fibration localement triviale ; soit $\widetilde{\mathcal{H}}$ la fibre de $\mathcal{C}$ située au-dessus de l'injection $D^{n-1} \longrightarrow D^n$; $\widetilde{\mathcal{H}}$ s'identifie au groupe des difféomorphismes de D_+^n

qui induisent l'identité sur D^{n-1} et qui sont tangents d'ordre infini à l'identité le

long de $D_+^n \cap S^{n-1}$; d'après la proposition 1 et la proposition 2', $\pi_i(\widetilde{\mathcal{H}})$ est canoni-

quement isomorphe à $\pi_i(\mathcal{H})$ pour tout $i \geqslant 0$. La proposition résulte donc de la suite

exacte d'homotopie de la fibration $\mathcal{C} \longrightarrow \mathcal{A}$.

Proposition 6. Soit B un voisinage tubulaire (difféomorphe à $D^{n-2} \times [-1 , +1]$)

de l'équateur D^{n-2} de D^{n-1} dans D^{n-1} ; soit $\mathcal{B}$ l'espace des plongements de B dans

D^n qui sont tangents d'ordre infini à l'injection le long de $B \cap S^{n-1}$. Soit $\mathcal{H}$ comme

ci-dessus (proposition 4). Pour tout $i \geqslant 0$, il existe un isomorphisme canonique de

$\pi_i(\mathcal{H})$ sur un facteur direct de $\pi_{i+2}(\mathcal{B})$.

Démonstration. On note M_1 et M_2 les adhérences des deux composantes connexes de

$D^{n-1} - B$. Soit $\mathcal{F}$ (resp. $\mathcal{B}$) l'espace des plongements de $M_1 \cup B$ (resp. B) dans D^n

qui sont tangents d'ordre infini à l'injection le long de $(M_1 \cup B) \cap S^{n-1}$ (resp. $B \cap S^{n-1}$).

D'après les propositions 1 et 2', $\pi_i(\mathcal{F}) = 0$ pour tout $i \geqslant 0$. D'après le théorème 1.b,

l'application canonique $\mathcal{F} \longrightarrow \mathcal{B}$ est une fibration localement triviale ; soit $\mathcal{A}'$

le fibre située au-dessus de l'injection $B \longrightarrow D^n$; la suite exacte d'homotopie donne

un isomorphisme canonique

(2) $\qquad\qquad \pi_i(\mathcal{A}') \approx \pi_{i+1}(\mathcal{B})$ pour tout $i \geqslant 0$.

$\mathcal{A}'$ s'identifie à l'espace des plongements de M_1 dans $D^n - \overset{\circ}{B}$ qui sont tangents

d'ordre infini à l'injection le long de ∂M_1. On va comparer $\mathcal{A}'$ et l'espace $\mathcal{A}$ défini

ci-dessus (proposition 5), et pour cela les comparer tous deux au sous-espace $\mathcal{A}''$ de $\mathcal{A}'$,

formé des plongements dont l'image ne rencontre pas M_2.

<u>Comparaison de</u> $\mathcal{A}$ <u>et</u> $\mathcal{A}''$. D'après le théorème 1.b, l'application canonique $\mathcal{A} \longrightarrow \mathcal{F}$ est une fibration localement triviale ; on a vu d'une part que $\pi_i(\mathcal{F}) = 0$ pour tout $i \geqslant 0$; et d'autre part la fibre de cette fibration s'identifie canoniquement à $\mathcal{A}''$. On a donc un isomorphisme canonique

(3) $$\pi_i(\mathcal{A}) \approx \pi_i(\mathcal{A}'') \quad \text{pour tout} \quad i \geqslant 0.$$

<u>Comparaison de</u> $\mathcal{A}'$ <u>et</u> $\mathcal{A}''$. Soit C un voisinage tubulaire de D^{n-2} dans D^n (difféomorphe à $D^{n-2} \times D^2$), tel que $C \cap D^{n-1} = B$. On note $\tilde{\mathcal{A}}'$ le sous-espace de $\mathcal{A}'$ formé des plongements dont l'image ne rencontre pas $\overset{\circ}{C}$; on note $\tilde{\mathcal{A}}' \cap \mathcal{A}'' = \tilde{\mathcal{A}}''$. Soit $\psi_\lambda(C)$ l'image de C par l'affinité orthogonale à D^{n-1}, de rapport λ ; pour tout compact $\mathcal{K}$ de $\mathcal{A}'$, il existe $\lambda > 0$ tel que $\bigcup_{f \in \mathcal{K}} f(M_1)$ ne rencontre pas l'intérieur de $\psi_\lambda(C)$; il en résulte que pour tout $i \geqslant 0$, $\pi_i(\tilde{\mathcal{A}}')$ est canoniquement isomorphe à $\pi_i(\mathcal{A}')$ et $\pi_i(\tilde{\mathcal{A}}'')$ à $\pi_i(\mathcal{A}'')$.

Or il existe un difféomorphisme canonique de $D^n - \overset{\circ}{C}$ sur $M_1 \times S^1$: il identifie M_1 à $M_1 \times \{1\}$ et M_2 à $M_1 \times \{-1\}$, où 1 et -1 sont deux points diamétralement opposés de S^1 (plongée de façon naturelle dans $\mathbb{R}^2$). On considère d'autre part le cylindre $M_1 \times \mathbb{R}$; on identifie M_1 à $M_1 \times \{0\}$, et on considère l'espace $\tilde{\mathcal{A}}'''$ des plongements de M_1 dans $M_1 \times \mathbb{R}$ qui sont tangents à l'injection le long de ∂M_1. Puisque M_1 est difféomorphe à la demi-boule fermée D_+^{n-1}, M_1 est simplement connexe ; l'application $(x, \theta) \rightarrow (x, e^{2i\pi\theta})$ définit donc $M_1 \times \mathbb{R}$ comme le revêtement universel de $M_1 \times S^1$, et tout élément de $\tilde{\mathcal{A}}''$ se relève canoniquement en un élément de $\tilde{\mathcal{A}}'''$; ceci définit une application $\rho : \tilde{\mathcal{A}}' \longrightarrow \tilde{\mathcal{A}}'''$. D'autre part le choix d'un difféomorphisme φ, d'orientation positive, de $\mathbb{R}$ sur $S^1 - \{-1\}$ définit un homéomorphisme σ : $\tilde{\mathcal{A}}''' \longrightarrow \tilde{\mathcal{A}}''$. Soit j l'injection $\tilde{\mathcal{A}}'' \longrightarrow \tilde{\mathcal{A}}'$; l'application $\sigma \circ \rho \circ j$ de $\tilde{\mathcal{A}}''$ dans lui-même est homotope à l'application identique de $\tilde{\mathcal{A}}''$ (car à tout élément $f : x \longmapsto (X(x)\ ,\ e^{2i\pi\theta(x)})$ de $\tilde{\mathcal{A}}''$, elle associe le plongement : $x \mapsto (X(x), \varphi\circ\theta(x))$, qui lui est canoniquement isotope parce que le groupe des difféomorphismes de $\mathbb{R}$ conservant l'orientation est convexe) ; donc $\sigma \circ \rho \circ j$ induit un isomorphisme de $\pi_i(\tilde{\mathcal{A}}'')$ sur lui-même ; donc, compte tenu de l'identification de $\pi_i(\tilde{\mathcal{A}}')$ à $\pi_i(\mathcal{A}')$ et de $\pi_i(\tilde{\mathcal{A}}'')$ à $\pi_i(\mathcal{A}'')$:

(4) pour tout $i \geqslant 0$, il existe un isomorphisme canonique de $\pi_i(\mathcal{A}'')$ sur un facteur direct de $\pi_i(\mathcal{A}')$.

De (2), (3) et (4), il résulte que, pour tout $i \geqslant 0$, il existe un isomorphisme canonique de $\pi_i(\mathcal{A})$ sur un facteur direct de $\pi_{i+1}(\mathcal{B})$; d'où le résultat, compte tenu de la proposition 5.

<u>Cas</u> $n = 2$: <u>le théorème de Smale</u>. Si $n = 2$, B est un segment intérieur au disque D^2, et $\mathcal{B}$ est l'espace des plongements de ce segment dans l'intérieur de D^2. D'après la proposition 3 on a donc :

$$\begin{cases} \pi_1(\mathcal{B}) \approx \mathbb{Z} \ ; \\ \pi_i(\mathcal{B}) = 0 \quad \text{pour } i \neq 1. \end{cases}$$

Donc d'après la proposition 6, $\pi_i(\mathcal{H}) = 0$ pour tout $i \geqslant 0$; autrement dit :

<u>Théorème</u> 4. <u>Soit</u> $\mathcal{H}$ <u>le groupe des difféomorphismes de</u> D^2 <u>qui sont tangents d'ordre infini à l'application identique le long de</u> S^1 ; <u>on a</u> $\pi_i(\mathcal{H}) = 0$ <u>pour tout</u> $i \geqslant 0$.

<u>Corollaire</u> 1. $\pi_i(\mathrm{Diff}(D^2 ; S^1)) = 0$ <u>pour tout</u> $i \geqslant 0$.

<u>Corollaire</u> 2. <u>L'application canonique</u> : $\pi_i(SO(3)) \longrightarrow \pi_i(\mathrm{Diff}\ S^2)$ <u>est un isomorphisme pour tout</u> $i \geqslant 0$.

<u>Corollaire</u> 3. <u>Le groupe</u> Γ_3 <u>est nul</u>.

(Le corollaire 1 résulte immédiatement du théorème et du cas particulier de la proposition 1 ; le corollaire 2 résulte immédiatement du théorème et de la proposition 6 ; quant au corollaire 3, c'est une conséquence immédiate du corollaire 2 et de la définition des groupes Γ_n.)

BIBLIOGRAPHIE

[1] ALEXANDER (J. W.).- On the subdivision of 3-space by a polyhedron, Proc. Nat. Acad. Sc. U. S. A., t. 10, 1924, p. 6-8.

[2] CERF (Jean).- Topologie de certains espaces de plongements, Bull. Soc. math. France, t. 89, 1961, p. 227-380 (Thèse Sc. math. Paris 1960).

[3] CERF (Jean).- Groupes d'homotopie locaux et groupes d'homotopie mixtes des espaces bitopologiques, C. R. Acad. Sc. Paris, t. 252, 1961, p. 4093-4095 et t. 253, 1961, p. 363-365.

[4] MORSE (M.) et BAIADA (E.).- Homotopy and homology related to the Schoenflies problem, Annals of Math., Series 2, t. 58, 1953, p. 142-165.

[5] MUNKRES (James).- Obstructions to the smoothing of piecewise-differentiable homeomorphisms, Annals of Math., Series 2, t. 73, 1960, p. 521-554.

[6] Séminaire H. CARTAN : Topologie algébrique, t. 1, 1948/49, 2e édition.- Paris, Secrétariat mathématique, 1955.

[7] Séminaire H. CARTAN : Topologie différentielle, t. 14, 1961/62, exposés n° 1, 2, 3 (par A. Douady), 4, 5, 6, 7 (par C. Morlet).

[8] SMALE (Stephen).- On the structure of manifolds, Amer. J. of Math., t. 84, 1962, p. 387-399.

Travail dactylographié à Orsay
par les soins de Madame J. Dumas

Offsetdruck: Julius Beltz, Weinheim/Bergstr.

Lecture Notes in Mathematics

Bisher erschienen/Already published

Vol. 1: J. Wermer, Seminar über Funktionen-Algebren. IV, 30 Seiten. 1964. DM 3,80 / $ 0.95

Vol. 2: A. Borel, Cohomologie des espaces localement compacts d'après J. Leray. IV, 93 pages. 1964. DM 9,– / $ 2.25

Vol. 3: J. F. Adams, Stable Homotopy Theory. 2nd. revised edition. IV, 78 pages. 1966. DM 7,80 / $ 1.95

Vol. 4: M. Arkowitz and C. R. Curjel, Groups of Homotopy Classes. 2nd. revised edition. IV, 36 pages. 1967. DM 4,80 / $ 1.20

Vol. 5: J.-P. Serre, Cohomologie Galoisienne. Troisième édition. VIII, 214 pages. 1965. DM 18,– / $ 4.50

Vol. 6: H. Hermes, Eine Termlogik mit Auswahloperator. IV, 42 Seiten. 1965. DM 5,80 / $ 1.45

Vol. 7: Ph. Tondeur, Introduction to Lie Groups and Transformation Groups. VIII, 176 pages. 1965. DM 13,50 / $ 3.40

Vol. 8: G. Fichera, Linear Elliptic Differential Systems and Eigenvalue Problems. IV, 176 pages. 1965. DM 13.50 / $ 3.40

Vol. 9: P. L. Ivănescu, Pseudo-Boolean Programming and Applications. IV, 50 pages. 1965. DM 4,80 / $ 1.20

Vol. 10: H. Lüneburg, Die Suzukigruppen und ihre Geometrien. VI, 111 Seiten. 1965. DM 8,– / $ 2.00

Vol. 11: J.-P. Serre, Algèbre Locale.Multiplicités. Rédigé par P. Gabriel. Seconde édition. VIII, 192 pages. 1965. DM 12,– / $ 3.00

Vol. 12: A. Dold, Halbexakte Homotopiefunktoren. II, 157 Seiten. 1966. DM 12,– / $ 3.00

Vol. 13: E. Thomas, Seminar on Fiber Spaces. IV, 45 pages. 1966. DM 4,80 / $ 1.20

Vol. 14: H. Werner, Vorlesung über Approximationstheorie. IV, 184 Seiten und 12 Seiten Anhang. 1966. DM 14,– / $ 3.50

Vol. 15: F. Oort, Commutative Group Schemes. VI, 133 pages. 1966. DM 9,80 / $ 2.45

Vol. 16: J. Pfanzagl and W. Pierlo, Compact Systems of Sets. IV, 48 pages. 1966. DM 5,80 / $ 1.45

Vol. 17: C. Müller, Spherical Harmonics. IV, 46 pages. 1966. DM 5,– / $ 1.25

Vol. 18: H.-B. Brinkmann und D. Puppe, Kategorien und Funktoren. XII, 107 Seiten. 1966. DM 8,– / $ 2.00

Vol. 19: G. Stolzenberg, Volumes, Limits and Extensions of Analytic Varieties. IV, 45 pages. 1966. DM 5,40 / $ 1.35

Vol. 20: R. Hartshorne, Residues and Duality. VIII, 423 pages. 1966. DM 20,– / $ 5.00

Vol. 21: Seminar on Complex Multiplication. By A. Borel, S. Chowla, C. S. Herz, K. Iwasawa, J.-P. Serre. IV, 102 pages. 1966. DM 8,– / $ 2.00

Vol. 22: H. Bauer, Harmonische Räume und ihre Potentialtheorie. IV, 175 Seiten. 1966. DM 14,– / $ 3.50

Vol. 23: P. L. Ivănescu and S. Rudeanu, Pseudo-Boolean Methods for Bivalent Programming. 120 pages. 1966. DM 10,– / $ 2.50

Vol. 24: J. Lambek, Completions of Categories. IV, 69 pages. 1966. DM 6,80 / $ 1.70

Vol. 25: R. Narasimhan, Introduction to the Theory of Analytic Spaces. IV, 143 pages. 1966. DM 10,– / $ 2.50

Vol. 26: P.-A. Meyer, Processus de Markov. IV, 190 pages. 1967. DM 15,– / $ 3.75

Vol. 27: H. P. Künzi und S. T. Tan, Lineare Optimierung großer Systeme. VI, 121 Seiten. 1966. DM 12,– / $ 3.00

Vol. 28: P. E. Conner and E. E. Floyd, The Relation of Cobordism to K-Theories. VIII, 112 pages. 1966. DM 9.80 / $ 2.45

Vol. 29: K. Chandrasekharan, Einführung in die Analytische Zahlentheorie. VI, 199 Seiten. 1966. DM 16.80 / $ 4.20

Vol. 30: A. Frölicher and W. Bucher, Calculus in Vector Spaces without Norm. X, 146 pages. 1966. DM 12,– / $ 3.00

Bitte wenden / Continued